绿色食品申报指南

水产卷

中国绿色食品发展中心　编著

U0272220

中国农业科学技术出版社

图书在版编目（CIP）数据

绿色食品申报指南. 水产卷 / 中国绿色食品发展中心编著. --北京：中国农业科学技术出版社，2023. 11
　　ISBN 978-7-5116-6558-4

　　Ⅰ. ①绿… Ⅱ. ①中… Ⅲ. ①水产品－绿色食品－申请－中国－指南 Ⅳ. ①TS2-62

中国国家版本馆CIP数据核字（2023）第 232906 号

责任编辑　史咏竹
责任校对　马广洋
责任印制　姜义伟　王思文

出 版 者　中国农业科学技术出版社
　　　　　北京市中关村南大街 12 号　　邮编：100081
电　　话　（010）82105169（编辑室）　（010）82109702（发行部）
　　　　　（010）82109709（读者服务部）
网　　址　https: // castp.caas.cn
经 销 者　各地新华书店
印 刷 者　北京地大彩印有限公司
开　　本　148 mm × 210 mm　1/32
印　　张　10.625
字　　数　277 千字
版　　次　2023 年 11 月第 1 版　　2023 年 11 月第 1 次印刷
定　　价　58.00 元

《绿色食品申报指南·水产卷》
编著人员

总 主 编 张志华

主　　编 陈　倩　李显军

技术主编 王雪薇　程　波　孙玲玲　杨　琳

副 主 编 时松凯　张　侨　朱晓峰　盖文婷　张维谊

　　　　　　丁海芬　杨　震

编著人员（按姓氏笔画排序）

丁海芬	王　晶	王多玉	王宗英	王雪薇
朱晓峰	乔春楠	任源远	孙玲玲	李　娜
李显军	杨　琳	杨　震	杨忠华	时松凯
宋　铮	张　月	张　侨	张逸先	张维谊
陈　倩	陈红彬	范瑞祺	赵方方	赵建坤
秦　芩	顾鸣娣	徐淑波	郭微微	黄国梁
曹　雨	盖文婷	程　波		

序

良好的生态环境、安全优质的食品是人们对美好生活的追求和向往。为保护我国生态环境，提高农产品质量，促进食品工业发展，增进人民身体健康，农业部于20世纪90年代推出了以"安全、优质、环保、可持续发展"为核心发展理念的"绿色食品"。经过30年多的发展，绿色食品事业发展取得显著成效，创建了一套特色鲜明的农产品质量安全管理制度，打造了一个安全优质的农产品精品品牌，创立了一个蓬勃发展的新兴朝阳产业。截至2022年年底，全国有效使用绿色食品标志的企业总数已达25 928家，产品总数达55 482个。发展绿色食品为提升我国农产品质量安全水平，推动农业标准化生产，增加绿色优质农产品供给，促进农业增效、农民增收发挥了积极作用。

当前，我国农业已进入高质量发展的新阶段。发展绿色食品有利于更好地满足城乡居民对绿色化、优质化、特色化、品牌化农产品的消费需求，对我国加快建设农业强国、全面推进乡村振兴、加强生态文明建设等战略部署具有重要支撑作用，日益受到各级地方政府部门、生产企业、农业从业者和消费者的广泛关注和高度认可。越来越多的生产者希望生产绿色食品、供应绿色食品，越来越

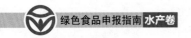
多的消费者希望了解绿色食品、吃上绿色食品。

为了让各级政府和农业农村主管部门、广大生产企业和从业人员、消费者系统了解绿色食品发展概况、生产技术与管理要求、申报流程和制度规范，中国绿色食品发展中心从2019年开始组织专家编写《绿色食品申报指南》系列丛书，目前已编写出版稻米、茶叶、水果、蔬菜、牛羊和植保6本专业分卷，以及《绿色食品标志许可审查指南》《绿色食品现场检查指南》，共8本图书。2023年，中国绿色食品发展中心继续组织编写了水产、食用菌、蜂产品3本专业分卷。同时，为总结各地现场检查典型经验，进一步提高检查员现场检查技术水平，中国绿色食品发展中心邀请从事绿色食品审查工作多年的资深检查员共同编写了《绿色食品现场检查案例》。

《绿色食品申报指南》各专业分卷从指导绿色食品生产和申报的角度，将《绿色食品标志管理办法》《绿色食品标志许可审查程序》《绿色食品标志许可审查工作规范》以及绿色食品标准中的条文以平实简洁的文字、图文并茂的形式进行详细解读，力求体现科学性、实操性和指导性，有助于实现制度理解和执行尺度的统一。每卷共分5章，包括绿色食品概念、发展成效和前景展望的简要介绍，绿色食品生产技术的详细解析，绿色食品申报要求的重点解读，具体申报的案例示范，以及各类常见问题的解答。

《绿色食品现场检查案例》从指导检查员现场检查工作的角

度，面向全国精选了一批不同生产区域、不同生产模式、不同产品类型的现场检查典型案例，完整再现现场检查实景和工作规范，总结现场检查经验技巧，展示绿色食品生产技术成果，以实例教学的方式解读《绿色食品现场检查工作规范》及绿色食品相关标准，并结合产品类型特点，对现场检查过程中的关键环节、技术要点、常见问题、风险评估等进行了分析探讨和经验总结，对提高现场检查工作的规范性和实效性具有重要指导意义。

《绿色食品申报指南》系列丛书对申请使用绿色食品标志的企业和从业者有较强的指导性，可作为绿色食品企业、绿色食品内部检查员和农业生产从业者的培训教材或工具书，还可作为绿色食品工作人员的工作指导书，同时，也为关注绿色食品事业发展的各级政府有关部门、农业农村主管部门工作人员和广大消费者提供参考。

中国绿色食品发展中心主任　　韩发志

目　录

第一章

绿色食品概述

一、绿色食品概念

（一）绿色食品产生的背景

良好的生态环境、安全优质的食品是人们对美好生活追求的重要内容，是人类社会文明进步的重要体现，国际社会历来关注和重视环境保护和食品安全问题。20世纪80年代末、90年代初，随着我国经济发展和人们生活水平的提高，人们对食品的需求从简单的"吃得饱"向更高层次的"吃得好""吃得安全""吃得健康"转变，同时农业发展开始实现战略转型，向高产、优质、高效方向发展，农业生产和生态环境和谐发展日益受到关注。在这种形势下，农业部①农垦部门在研究制定全国农垦经济社会"八五"发展规划时，根据农垦系统得天独厚的生态环境、规模化集约化的组织管理和生产技术等优势，借鉴国际有机农业生产管理理念和模式，提出在中国开发绿色食品。

开发绿色食品的战略构想得到农业部领导的充分肯定和高度重视。1991年，农业部向国务院呈报了《关于开发"绿色食品"的情况和几个问题的请示》。国务院对此作出重要批复（图1-1），明

---

① 中华人民共和国农业部，全书简称农业部。2018年3月，国务院机构改革将农业部的职责整合，组建中华人民共和国农业农村部，简称农业农村部。

确指出"开发绿色食品对保护生态环境，提高农产品质量，促进食品工业发展，增进人民健康，增加农产品出口创汇，都具有现实意义和深远影响。要采取措施，坚持不懈地抓好这项开创性工作，各有关部门要给予大力支持"。

图 1-1　国务院关于开发"绿色食品"有关问题的批复文件

1992年，农业部成立绿色食品办公室，并在国家有关部门的支持下组建了中国绿色食品发展中心，组织开展全国绿色食品开发和管理工作。从此，我国绿色食品事业步入了规范有序、持续发展的轨道。

（二）绿色食品概念、特征和发展理念

绿色食品并不是"绿颜色"的食品，而是对"无污染"食品的一种形象的表述。绿色象征生命和活力，食品维系人类生命，自然资源和生态环境是农业生产的根基，农业是食品的重要来源，由于与生命、资源和环境相关的食物通常冠之以"绿色",将食品冠以"绿色","绿色食品"概念由此产生,突出强调这类食品出自良好的生态环境,并能给人们带来旺盛的生命活力。所以最初绿色食品特指无污染的安全、优质、营养类食品。随着绿色食品事业的不断发展壮大,制度规范不断健全,标准体系不断完善,其概念和内涵也不断丰富和深化。《绿色食品标志管理办法》规定,绿色食品指产自优良生态环境、按照绿色食品标准生产、实行全程质量控制并获得绿色食品标志使用权的安全、优质食用农产品及相关产品。

绿色食品的概念充分体现了其"从土地到餐桌"全程质量控制的基本要求和安全优质的本质特征。按照"从土地到餐桌"全程质量控制的技术路线,绿色食品创建了"环境有监测、生产有控制、产品有检验、包装有标识、证后有监管"的标准化生产模式,并建立了完善的绿色食品标准体系,突出体现绿色食品促进农业可持续发展、提供安全优质营养食品、提升产业发展水平和促进农民增产增收的发展理念。

(三)绿色食品标志

1990年,绿色食品事业创建之初,开拓者们认为绿色食品应该有区别于普通食品的特殊标识,因此根据绿色食品的发展理念构思设计出了绿色食品标志图形(图1-2)。该图形由3部分构成,上方的太阳、下方的嫩芽和中心的蓓蕾,象征自然生态;颜色为绿色,象征着生命、农业、环保;图形为正圆形,意为保护。绿色食品标志图形描绘了一幅明媚阳光照耀下的和谐生机,意欲告诉人们绿色食品正

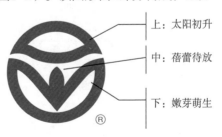

上:太阳初升

中:蓓蕾待放

下:嫩芽萌生

图1-2 绿色食品标志图形

是出自优良生态环境的安全、优质食品，同时还提醒人们要保护环境，通过改善人与自然的关系，创造自然界新的和谐。

1991年，绿色食品标志经国家工商总局[①]核准注册，1996年又成功注册成为我国首例质量证明商标，受法律的保护。《中华人民共和国商标法》明确规定，经商标局核准注册的商标为注册商标，包括商品商标、服务商标、集体商标、证明商标；商标注册人享有商标专用权，受法律保护。中国绿色食品发展中心是绿色食品证明商标的注册人。根据《绿色食品标志管理办法》的规定，中国绿色食品发展中心负责全国绿色食品标志使用申请的审查、颁证和颁证后跟踪检查工作。

证明商标是指由对某种商品或服务具有监督能力的组织所控制，而由该组织以外的单位或者个人使用于其商品或服务，用以证明该商品或服务的原产地、原料、制造方法、质量或者其他特定品质的标志。

普通商标与证明商标区别

（1）证明商标，注册人必须有检测、监督能力，其他自然人、企业或组织不能注册；对普通商标注册人无此要求。

（2）申请证明商标，还要审查公信力、检测监督能力和《证明商标使用管理规则》；普通商标申请人真实合法就可以。

（3）证明商标注册人自身不能使用该商标。

（4）普通商标能不能用，注册人说了算；证明商标使用条件明确公开，达标就能申请使用。

目前，中国绿色食品发展中心在国家知识产权局商标局注册的

---

① 中华人民共和国国家工商行政管理总局，全书简称国家工商总局。2018年3月，国务院机构改革将其商标管理职责整合，组建中华人民共和国国家知识产权局商标局。

绿色食品图形、文字和英文以及组合等10种形式（图1-3），包括标准字体、字形和图形用标准色都不能随意修改。同时，绿色食品商标已在美国、俄罗斯、法国、澳大利亚、日本、韩国、中国香港等11个国家和地区成功注册。

图 1-3　绿色食品标志形式

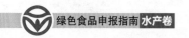
二、绿色食品发展成效

经过30多年的发展，我国绿色食品从概念到产品，从产品到产业，从产业到品牌，从局部发展到全国推进，从国内走向国际。总量规模持续扩大，品牌影响力持续提升，产业经济、社会和生态效益日益显现，成为我国安全优质农产品的精品品牌，为推动农业标准化生产、提高农产品质量水平、促进农业提质增效、帮助农民增收脱贫、保护农业生态环境、推进农业绿色发展等发挥了积极的示范引领作用。

（一）创立了一个新兴产业

绿色食品建立了以品牌为引领，基地建设、产品生产、市场流通为链接的产业发展体系，产业发展初具规模，水平不断提高。

截至2022年年底，全国有效使用绿色食品标志的企业总数已达25 928家，产品总数已达55 482个。获证主体包括7 518家地市县级以上龙头企业和8 000多家农民专业合作组织。产品涵盖农林及加工产品、畜禽类产品和水产类产品等5个大类57个小类1 000多个品种产品。其中，农林及加工类占比81.04%，畜禽类占比3.58%，水产类占比1.20%（水产品545个，年产量14.2万吨）。全国共建成绿色食品原料标准化生产基地748个，种植面积1.74亿亩①，涉及百余种地区优势农产品和特色产品，共带动2 126多万个农户发展。

绿色食品产地环境监测的农田、果园、茶园、草原、林地和水域面积为1.56亿亩。

绿色食品发展总量和产品结构情况如图1-4和图1-5所示。

———————

① 1亩 ≈ 667 米²，全书同。

图 1-4　2010—2022 年有效使用绿色食品标志的企业总数和产品总数

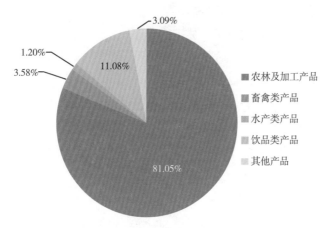

图 1-5　2022 年绿色食品产品结构

（二）保护生态环境，促进农业可持续发展

绿色食品生产要求选择生态环境良好、无污染的地区，远离工矿区及公路、铁路干线，避开污染源；在绿色食品和常规生产区域之间设置有效的缓冲带或物理屏障，以防绿色食品生产基地受到污染；建立生物栖息地，保护基因多样性、物种多样性和生态系统多

样性，以维持生态平衡；要保证基地具有可持续生产能力，不对环境或周边其他生物产生污染。根据2020年中国农业大学张福锁院士团队"绿色食品生态环境效应、经济效益和社会效应评价"课题研究，其生态环境效益主要体现在以下3个方面。

1. 减肥减药成效显著，三类作物呈增产效应

绿色食品生产模式化学氮肥投入量减少39%、化学磷肥投入量减少22%、化学钾肥投入量减少8%，2010—2019年10年间累计减少化学氮肥投入1 458万吨；农药使用强度降低60%，2010—2019年10年间累计减少农药投入54.2万吨。与常规种植模式相比，绿色食品生产模式作物产量平均提高11%，其中，粮食、蔬菜和经济作物单产分别增加12%、32%和13%。

2. 有效提高耕地质量、促进土壤健康

种植绿色食品10年后，土壤有机质、全氮、有效磷和速效钾分别增加31%、4.9%、42%和32%。

3. 减排效果显著，大幅提升生态系统服务价值

2010—2019年，氨挥发累计减排98.42万吨；硝酸盐（NO_3^-）淋洗减少61.98万吨；一氧化二氮（N_2O）减排4.29万吨；温室气体减排5 558万吨，2009—2018年，绿色食品生产模式累计创造生态系统服务价值32 059亿元。

（三）构建具有国际先进水平的标准体系

经过30多年的探索和实践，绿色食品从安全、优质和可持续发展的基本理念出发，立足打造精品，满足高端市场需求，创建并落实"从土地到餐桌"的全程质量管理模式，建立了一套定位准确、结构合理、特色鲜明的标准体系，包括产地环境质量标准、生产过程标准、产品质量标准、包装与储运标准4个组成部分，涵盖了绿色食品产业链中各个环节标准化要求。绿色食品标准质量安全要求达到国际先进水平，一些安全指标甚至超过欧盟、美国、日本等发达国家和地区水平。农业农村部发布绿色食品现行有效标准143项。绿色食品标准体系为指导和规范绿色食品的生产行为、质量技术检测、标志许可审查和证后监督管理提供了依据和准绳，为绿色食品事业持续健康发展提供了重要技术支撑，同时，也为不断提升我国农业生产和食品加工水平树立了"标杆"。

（四）促进农业生产方式转变，带动农业增效、农民增收

绿色食品申请人须能独立承担民事责任，具有稳定的生产基地，因此，发展绿色食品应将一家一户的农业生产集中组织起来，组成企业组织模式或合作社模式。绿色食品促进了粗放型、散户型、人力化农业生产向规范化、集约化和智能机械化生产转变，不仅保证了农产品的质量，保护了生态环境，还带动了农业增效、农民增收。张福锁院士的调查研究显示，70%以上的绿色食品企业管理者认为发展绿色食品有利于其产品、价格、渠道和促销升级，企业年产值增加50.3%，农户收入增加43%，企业通过发展绿色食品，实现了产品质量不断提升、经济效益稳步增加的"双赢"局面。在产业扶贫工作中，绿色食品也发挥了重要作用，2016—2020年绿色食品累计支持国家级贫困县以及新疆、西藏①等地区的5 154个企业发展了11 351个绿色食品产品。根据河北、吉林、河南、湖南、贵州、云南、西藏、甘肃8省（区）的调研数据，发展绿色食品带动贫困地区近56万个贫困户脱贫，户均增收约7 000多元。

三、绿色食品市场发展

市场是实现绿色食品品牌价值的基本平台。多年来，绿色食品面向国际国内两个市场，加强品牌的深度宣传，加大市场服务力

---

① 新疆维吾尔自治区，全书简称新疆；西藏自治区，全书简称西藏。

度，搭建多渠道营销体系，不断提升品牌的认知度和公信度，提高品牌的竞争力和影响力，使绿色食品始终保持"以品牌引领消费、以消费拓展市场、以市场拉动生产"持续健康发展的局面。

（一）绿色食品消费调查分析

经过多年发展，绿色食品已得到公众的普遍认可，消费者对绿色食品品牌的认知度已超过80%，绿色食品已成为我国最具知名度和影响力的品牌之一，满足了人们对安全、优质、营养类食品的需求。

根据华商传媒研究所的2015年调查数据，对来自全国15个副省级城市和4个直辖市的6 000名消费者问卷调查进行分析，结果显示，有87.77%的人"购买过"绿色食品，选择"没有购买过"的仅占4.33%。另外，还有7.90%的人表示"不清楚"（图1-6）。

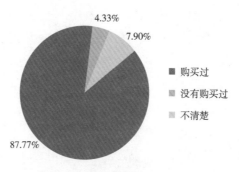

图 1-6　绿色食品购买情况调查

在对消费者购买绿色食品主要基于哪些方面考虑的调查中，受访者认为"无污染，对健康有利"是其选择绿色食品的主要考虑因素，占81.85%；基于"担心市面上的食品不安全"考虑的受访者占58.15%；选择"主要买给孩子吃"和"营养价值高"的比例接近，分别为33.18%和32.98%（图1-7）。

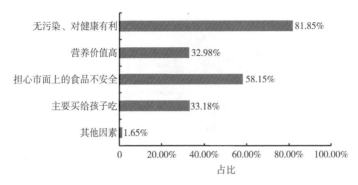

图1-7　选择绿色食品原因调查

调查结果显示，"过去一年居民家里购买绿色食品的频率"在"10次以上/年"的受访者占40.88%；23.85%的受访者选择"3~5次/年"；"从未购买过"的比例在3.82%（图1-8）。

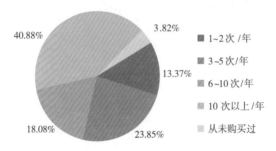

图1-8　绿色食品购买频率调查

调查结果显示，对于"居民所在城市的绿色食品专营店数量"，60.61%的受访者选择"大型超市有专柜"；16.92%的受访者表示"未关注过"（图1-9）。

对于绿色食品价格的调查中，48.72%的受访者能接受其比一般商品高出30%以下；40.58%的受访者接受其比一般商品价格高30%~50%；对于绿色食品高于一般商品价格80%以上，受访者基本不接受（图1-10）。

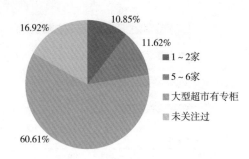

图 1-9 绿色食品专营店数量调查

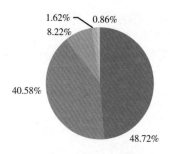

图 1-10 绿色食品价格调查

在对待绿色食品的态度上，68.77%的受访者表示"为了健康，偶尔会选择绿色食品"；21.95%的受访者表示"即使价格贵很多，也倾向于购买绿色食品"；6.55%的受访者称"价格太高，不太会购买绿色食品"，另有2.73%的受访者认为"是否是绿色食品无所谓"（图1-11）。

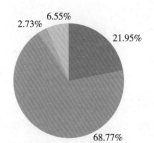

图 1-11 居民对待绿色食品态度调查

在对特定人群的绿色食品消费进行分析后，结果显示：①男、女购买绿色食品比例基本相同。②老年人和高素质人群更注重食品健康和饮食安全。③高学历人群更注重下一代健康。④高学历高收入群体是绿色食品消费的主力人群。⑤消费者承受的价格区间是比普通食品价格高50%以内。

（二）绿色食品销售情况

随着人们生活水平的不断提高，以及绿色食品供给能力的不断提升，绿色食品国内外销售额逐年攀升。目前，在国内部分大中城市，绿色食品通过专业营销机构和电商平台进入市场，一大批大型连锁经营企业设立了绿色食品专店、专区和专柜。中国绿色食品博览会已成功举办了22届，吸引了大量国内外的生产商和专业采购商，成为产销对接、贸易合作和信息交流的重要平台（图1-12和图1-13）。

图 1-12　第二十二届中国绿色食品博览会暨第十五届中国国际
有机食品博览会在合肥举办

图 1-13　第二十二届中国绿色食品博览会展区

　　绿色食品国内销售额从1997年的240亿元发展到2022年的5 398亿元，出口额从1997年的7 000多万美元，发展到2022年的31.4亿美元（图1-14和图1-15）。

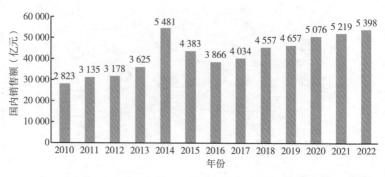

图 1-14　2010—2022 年绿色食品产品国内销售额

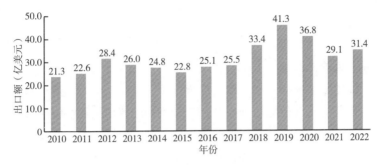

图 1-15　2010—2022 年绿色食品产品出口额

四、绿色食品发展前景展望

当前，我国农业已进入高质量发展的新阶段。在全面推进乡村振兴、加快建设农业强国战略背景下，绿色食品将迎来新的历史发展机遇。深入贯彻落实中央决策部署，准确把握新形势新要求，大力发展绿色食品，对增加绿色优质农产品供给、更好地保障粮食安全、推动农业高质量发展、助力乡村振兴和建设农业强国具有重要意义。

（一）形势要求

1. 发展绿色食品是积极践行大食物观、全面夯实粮食安全根基的必然要求

粮食安全是国之大者。党的二十大报告提出"全面夯实粮食安全根基"，明确要求树立大食物观，构建多元化食物供给体系。习近平总书记对增加绿色优质农产品供给高度重视，多次强调，农产品保供，既要保数量，也要保多样、保质量。大力发展绿色食品，是践行大食物观、落实农产品"三保"的必然要求，有利于提高绿色优质农产品供给保障能力，更好地满足人民群众高品质、多样化食物消费需求，有利于全面夯实粮食安全根基，稳住农业基本盘，

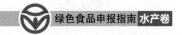
事关国之大者、民之关切。

2. 发展绿色食品是贯彻落实绿色发展理念、推进农业现代化的重要途径

绿色是新发展理念的重要组成部分,生态低碳是中国式农业农村现代化的重要价值取向。党的二十大报告提出"加快发展方式绿色转型,推动形成绿色低碳的生产方式和生活方式"。绿色食品牢固树立和践行"绿水青山就是金山银山"发展理念,坚持走"生态优先、绿色环保"可持续发展道路,推行产地洁净化、生产标准化、投入品减量化、废弃物资源化、产业生态化的绿色发展模式,全链条拓展农业绿色发展空间,进一步推动农业绿色发展、循环发展、低碳发展,形成节约适度、绿色低碳的生产生活方式。作为现代农业的重要模式,绿色食品被誉为"全球可持续农业发展20个最成功的模式之一"。

3. 发展绿色食品是推动农业高质量发展、加快建设农业强国的重要支撑

推动农业高质量发展是建设农业强国的重要目标。习近平总书记在中央农村工作会议上指出,要推动品种培优、品质提升、品牌打造和标准化生产(简称生产"三品一标"),这为新阶段推进农业高质量发展、提升质量效益竞争力提供了路径指引。绿色食品作为产品"三品一标"(绿色、有机、地理标志和食用农产品达标合格证农产品)的重要力量,采取全程质量控制和全链条标准化的技术路线,推行"质量认证与过程管理、品牌打造与产业发展相结合"的运作模式,与生产"三品一标"目标一致、路径相通,必将在统筹推进两个"三品一标"、推动农业高质量发展、加快建设农业强国中发挥重要的示范带动作用。

4. 发展绿色食品是全面推进乡村振兴、促进农民增收共富的重要抓手

乡村振兴战略是新时代"三农"工作的总抓手。产业振兴是乡村振兴的重中之重，也是开展实际工作的切入点。绿色食品以市场需求为引领，聚焦乡村优质资源，赋能乡村特色产业，推动产业提质升级，促进一二三产业融合，加快把乡村资源优势、生态优势、文化优势转化为产品优势、产业优势，打造城乡联动的产业集群，进一步增强产业韧性和市场竞争力，多渠道拓宽农民增收渠道，让农民从全产业链各环节中分享更多增值收益，实现巩固拓展扶贫攻坚成果同乡村振兴有效衔接，为乡村产业高质高效发展注入新的活力，以产业兴旺推动乡村全面振兴，实现农村宜居宜业、农民富裕富强。

5. 发展绿色食品是加强绿色农产品市场建设、畅通城乡经济循环的重要举措

加快构建以国内大循环为主体、国内国际双循环相互促进的新发展格局，是一项关系"十四五"全局发展的重大战略任务。习近平总书记强调，畅通国内大循环，要坚持扩大内需这个战略基点，以质量品牌为重点，促进消费向绿色、健康、安全发展。2020年我国人均国内总产值（GDP）超过1万美元，面对城乡居民农产品消费已经从"吃得饱"向"吃得好、吃得营养健康"转变的新形势，亟须对标高品质生活需求，大力培育绿色优质农产品消费市场，进一步增强消费升级对生产供给和经济增长的拉动作用，更好地满足人民群众对绿色化、优质化、特色化、品牌化农产品的消费需求。

6. 发展绿色食品是引领带动行业发展、推动农业科技进步的重要阵地

科技创新是引领发展的第一动力。绿色食品经过30余年的发展，结合我国国情，灵活运用国际成熟的技术理论，建立了一套行业领先、特色鲜明的绿色产业发展技术体系，依托国内外知名科研院所、高等院校的院士与专家团队，构建了多个全国性产业技术创新战略联盟，在绿色食品综合效益、绿色产业链打造、营养品质功能评价等多个重点领域开展协同技术攻关，促进技术标准推广落地，成为引领带动行业发展、推动农业科技进步的重要阵地。未来，伴随生物技术、装备技术、信息技术等农业科技迅速发展，绿色食品必将以更加科学的技术理念、标准和模式在引领农业科技创新以及强化农业科技支撑等方面发挥更加重要的作用。

（二）政策支持

发展绿色食品得到党和政府的高度重视和大力支持。习近平总书记在福建工作时就强调："绿色食品是21世纪的食品，很有市场前景，且已引起各级政府和主管部门的关注，今后要在生产研发、生产规模、市场开拓方面加大力度"。在2017年全国"两会"上，习近平总书记在参加四川省代表团审议时指出："要坚持市场需求导向，主攻农业供给质量，注重可持续发展，加强绿色、有机、无公害农产品供给"。

1. 2004 年以来，中央一号文件 9 次明确提出要大力发展绿色食品

2021年：加强农产品质量和食品安全监管，发展绿色农产品、有机农产品和地理标志农产品，试行食用农产品达标合格证制度，推进国家农产品质量安全县创建。

2020年：继续调整优化农业结构，加强绿色食品、有机农产品、地理标志农产品认证和管理，打造地方知名农产品品牌，增加绿色农产品供给。

2017年：支持新型农业经营主体申请"三品一标"认证，加快提升国内绿色、有机农产品认证的权威性和影响力。

2010年：加快农产品质量安全监管体系和检验检测体系建设，积极发展无公害农产品、绿色食品、有机农产品。

2009年：加快农业标准化示范区建设，推动龙头企业、农业专业合作社、专业大户等率先实行标准化生产，支持建设绿色和有机农产品生产基地。

2008年：积极发展绿色食品和有机食品，培育名牌农产品，加强农产品地理标志保护。

2007年：搞好无公害农产品、绿色食品、有机食品认证，依法保护农产品注册商标、地理标志和知名品牌。

2006年：加快建设优势农产品产业带，积极发展特色农业、绿色食品和生态农业，保护农产品品牌。

2004年：开展农业投入品强制性产品认证试点，扩大无公害、绿色食品、有机食品等优质农产品的生产和供应。

2. 绿色食品纳入"十四五"国家级规划

《中华人民共和国国民经济和社会发展第十四个五年规划和二〇三五年远景目标纲要》明确提出，要完善绿色农业标准体系，加强绿色食品、有机农产品和地理标志农产品认证管理。

《"十四五"推进农业农村现代化规划》明确提出"加强绿色食品、有机农产品、地理标志农产品认证和管理，推进质量兴农、绿色兴农"。

《"十四五"全国农业绿色发展规划》将"加强绿色食品、有机农产品、地理标志农产品认证管理"作为提升农业质量效益竞争力的重要措施。

《"十四五"全国农产品质量安全提升规划》将绿色食品、有机产品和地理标志农产品（以下将三者统称为绿色有机地标）作为增加绿色优质农产品供给的主要内容。

3. 新修订的《中华人民共和国农产品质量安全法》增加"绿色优质农产品"表述

2023年1月1日，新修订的《中华人民共和国农产品质量安全法》正式施行。本次修订首次在法律层面增加"绿色优质农产品"表述，是深化农业供给侧结构性改革，实施质量兴农、绿色兴农战略，推进农业全面绿色转型发展的重要举措，有利于更好地满足城乡居民对绿色化、优质化、特色化、品牌化农产品的消费需求。

（三）产业扶持

产业是乡村振兴的重中之重，也是绿色食品发展的根基。习近平总书记强调，要推动乡村产业振兴，紧紧围绕发展现代农业，围绕农村一二三产业融合发展，构建乡村产业体系。近年来，农业农村部会同国家发展改革委、财政部、生态环境部①等部门，深入贯彻落实习近平生态文明思想，以绿色发展理念为引领，加强政策指导，加大支持力度，推进绿色生态循环农业产业化发展，以产业振兴带动乡村全面振兴。

1. 顶层设计

2016年，农业部与财政部联合印发《建立以绿色生态为导向的农业补贴制度改革方案》，加快推动相关农业补贴政策改革，把政策目标由数量增长为主转到数量、质量、生态并重上来。2017年，中共中央办公厅、国务院办公厅印发《关于创新体制机制推进农业绿色发展的意见》，指出要制定农业循环低碳生产制度、农业资源环境管控制度和完善农业生态补贴制度，为农业绿色生态转型构建了制度框架。农业部印发《种养结合循环农业示范工程建设规划（2017—2020）》，支持整县打造种养生态循环产业链。2018年，

---

① 中华人民共和国国家发展和改革委员会，全书简称国家发展改革委；中华人民共和国财政部，全书简称财政部；中华人民共和国生态环境部，全书简称生态环境部。

中共中央、国务院印发《乡村振兴战略规划（2018—2022年）》，在强化资源保护与节约利用、推进农业清洁生产、集中治理农业环境突出问题等方面，进一步细化了农业绿色发展的政策措施。2019年，国务院印发《关于促进乡村产业振兴的指导意见》，要求推动种养业向规模化、标准化、品牌化和绿色化方向发展，延伸拓展产业链，增加绿色优质农产品供给，不断提高质量效益和竞争力。鼓励地方培育品质优良、特色鲜明的区域公共品牌，引导企业与农户共创企业品牌，培育一批"土字号""乡字号"产品品牌。2021年，国务院印发《关于加快建立健全绿色低碳循环发展经济体系的指导意见》提出鼓励发展生态种植、生态养殖，将加强绿色食品、有机农产品认证和管理作为主要举措，完善循环型农业产业链条，持续推进农业绿色低碳循环发展。

2. 体系建设

2017年，中共中央办公厅、国务院办公厅印发了《关于加快构建政策体系　培育新型农业经营主体的意见》，提出为新型农业经营主体发展"三品一标"创造政策、法律、技术、市场等环境和条件，特别针对突出困难，会同有关部门重点在金融、保险、用地等方面加大政策创设力度，引导新型农业经营主体多元融合发展、多路径提升规模经营水平、多模式完善利益分享机制以及多形式提高发展质量。中央财政安排补助资金14亿元专门用于支持合作社和联合社，重点支持制度健全、管理规范、带动力强的国家示范社，发展绿色生态农业，开展标准化生产，突出农产品加工、产品包装、市场营销等关键环节，进一步提升自身管理能力、市场竞争能力和服务带动能力。2018年，农业农村部印发《农业绿色发展技术导则（2018—2030）》，发布重大引领性农业绿色环保技术，遴选推介100项优质安全、节本高效、生态友好的主推技术，着力构建支撑农业绿色发展的技术体系。会同国家发展改革委、科技部①等7部门，评估确定了80个国家农业可持续发展示范区（农业绿色发展先行区）。充分挖掘乡村"土特产"资源和生态涵养、健康养生等方面的价值功能，促进一二三产业融合，形成"农业+"多业态发展态势，实施乡村休闲旅游精品工程，挖掘各地绿色生态发展的典型经验，示范带动各地发展现代绿色生态农业。

3. 政策投入

2017年以来，农业农村部会同财政部立足区域优势资源，累计安排中央财政资金超过300亿元，支持建设优势特色产业集群、国家现代农业产业园和农业产业强镇，建设标准化绿色原料基地，推进绿色质量标准体系构建，打造了一批在全国乃至全球有影响力的绿色生态乡村产业发展集群，对周边生态产业发展起到示范引领作用。中国农业发展银行切实加大对各类涉农园区和农村一二三产业融合发展的支持力度，有力助推了乡村全面振兴和城乡融合发展。截至2021年4月，共支持各类涉农园区项目300个，贷款余额694.58亿元。2019—2021年，中央财政累计安排农田建设补助资金2 160.67亿元，支持地方开展高标准农田和农田水利建设，主要用于土地平整、土壤改良、灌溉排水与节水设施、田间机耕道、农田防护与生态环境保持、农田输配电等建设内容。其中，2021年安排安徽省农田建设补助资金43.3亿元，比2020年增加12.78亿元。农业农村部会同有关部门加强政策支持、技术指导，"十三五"期间累计支持723个县整县推进畜禽粪污资源化利用，实现了585个畜牧大县全覆盖。会同生态环境部印发《关于进一步明确畜禽粪污还田利用要求 强化养殖污染监管的通知》，有力推动了绿色生态循环农业发展。

---

① 中华人民共和国科学技术部，全书简称科技部。

（四）发展思路

党的二十大发出了加快建设农业强国的动员令。增加绿色优质农产品供给，是推动农业高质量发展的重要任务和必然要求，是加快建设农业强国的重要支撑。作为引领绿色生产、绿色消费的优质农产品主导品牌，助力乡村振兴、农民增收的新兴产业和推进质量兴农、实现农业现代化的重要力量，绿色食品将担负更加重要的职责使命，围绕国之大者和中央部署，深化职能定位，拓展功能作用，全面推动以绿色有机地标为主体的绿色优质农产品高质量创新发展，为全面推进乡村振兴，加快建设农业强国，不断满足城乡人民对绿色化、优质化、特色化、品牌化农产品的需求发挥更加积极的作用。

2023年2月24日，中国绿色食品发展中心印发《关于加快推进以绿色有机地标为主体的绿色优质农产品高质量创新发展的通知》，对当前及今后一个时期以绿色有机地标为主体的绿色优质农产品高质量创新发展做了全面部署。发展思路主要有4个方面：一是固本培元增总量。加快推进基地建设，全面加快绿色食品、有机农产品发展，不断增加绿色优质农产品生产总量和市场占比，满足公众强劲的消费需求。二是精益求精保质量。落实"四个最严"要求，强化跟踪检查和技术服务，建立全过程质量监管机制，压实主体责任，确保产品质量，提升品牌美誉度和公信力。三是包容并蓄树品牌。对标高品质生活新要求，全面拓展农产品品质规格、营养功能评价、品牌培育、名优农产品认定与宣传，全方位推进品种培优、品质提升和品牌打造，营造全社会关注绿色生产、推动绿色消费的良好氛围。四是守正创新铸机制。依照法律法规完善相关制度规范，建立健全立足当前、着眼长远、务实管用的工作规范和制度机制，全面激发以绿色有机地标为主体的绿色优质农产品事业高质量发展的动能和活力。

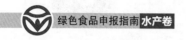

（五）小　结

回顾绿色食品事业发展历程，20世纪80年代末90年代初，我国农业发展状况是刚刚解决温饱，发展水平低，解决10多亿人的吃饭问题是头等大事。那时，绿色食品事业的开拓者顺应时代浪潮，准确把握人民对食品安全的需求，抓住国家农业转型发展的战略机遇，提出发展安全、优质、无污染的食品，这就是"绿色食品"最初的概念。正如绿色象征着生命、健康和活力，也象征着环境保护和农业，"出自优良生态环境，带来强劲生命活力"是绿色食品健康和活力的充分体现。开发绿色食品是人类注重保护生态环境的产物，是社会进步和经济发展的产物，也是人们生活水平提高和消费观念改变的产物，是一项超前、开创性的工作，也是和我国农村改革发展相伴随的一项有意义的工作。

30多年来，绿色食品作为一项贯穿农业全面升级、农村全面进步、农民全面发展的系统工程，有效保护了我国农业资源环境，提升了农产品质量安全水平，加快了农业农村现代化的步伐。特别是新时代十年，绿色食品发展契合了国家生态文明建设、农业供给侧结构性改革、乡村产业振兴，以及绿色兴农、质量兴农、品牌强农等时代发展主题，作为满足人们对美好生活需求的重要支撑，农业增效、农民增收的重要途径，以及推进乡村振兴的重要抓手，彰显出更加强劲的生命活力和更加广阔的发展前景。未来，绿色食品必将成为农业绿色发展的标杆，品牌农业发展的主流。

回顾历史，催人奋进，展望未来，重任在肩。党的二十大擘画了全面建成社会主义现代化强国、以中国式现代化全面推进中华民族伟大复兴的宏伟蓝图，作出了全面推进乡村振兴、到2035年基本实现农业现代化、到本世纪中叶建成农业强国的战略部署。站在新征程的历史起点上，绿色食品要立足新发展阶段，完整、准确、全面贯彻新发展理念，坚持以人民为中心的服务宗旨，锚定农业强国战略目标，准确把握消费结构升级的新形势，主动融入农业农村工作大局，充分发挥农产品精品品牌的引领示范作用和农业供给侧结构性改革的积极推动作用，在全面实现高质量发展中展现更大作为，在全面推进乡村振兴，加快建设农业强国，实现农业强、农村美、农民富中发挥更大作用。

第二章
绿色食品水产品生产技术及要求

党的二十大报告中指出，要"树立大食物观""构建多元化食物供给体系"。习近平总书记多次强调，在确保粮食供给的同时保障肉类、蔬菜、水果、水产品等各类食物有效供给，满足居民多样化的营养健康需求。水产品作为民众摄取动物蛋白的重要来源，在大食物结构中占有十分重要的地位。绿色食品水产品作为绿色化、优质化、特色化、品牌化的绿色优质农产品代表，不仅保障了食品质量的安全稳定，更为满足民众对优质安全、营养健康食品的消费需求提供了重要支撑。

本章详细介绍了绿色食品水产品生产的产地环境与生产设施要求、投入品（渔药、饲料等）的选择与使用、生产过程中管控重点、收获后储藏运输包装以及渔业捕捞要求等，以期为绿色食品水产品生产者提供有益技术指导。

一、我国水产品生产概述

（一）养殖类别

我国水产养殖主要分为淡水养殖和海水养殖两大类。

淡水养殖是以淡水水体（包括池塘、水库、湖泊、河沟等）为空间，投入饲料、肥料或依赖水体中的天然饵料，采用各项技术措施，饲养鱼类或其他水生动物，最终取得鱼或其他水产品，从而实现一定经济效益的经济活动。养殖的对象主要为鱼类和虾蟹类等，其中鱼类主要包括青、草、鲢、鳙、鲤、鲫、鳊、鲂等大宗淡水鱼，以及罗非鱼、鮰、鳜、鲈、鳢、鳗、黄颡、泥鳅、鳝、鲟、鲑、鳟等特色淡水鱼。虾蟹类主要有罗氏沼虾、克氏原螯虾、日本沼虾和中华绒螯蟹等。此外，还包括中华鳖、牛蛙等特种水产动物。按养殖场所可分为池塘养殖、湖泊养殖、水库养殖、稻田养殖、工厂化养殖、网箱养殖等；按集约化程度分为粗养、半精养和精养。

海水养殖主要是利用浅海、滩涂、港湾、池塘等水域养殖海洋水产经济动植物的生产活动，近年来随着技术的发展，深远海养殖日渐成为重要的生产模式和发展方向。海水养殖的对象主要包括鱼、虾、贝、藻、参等。其中，鱼类主要包括大菱鲆、牙鲆、半滑舌鳎、石斑鱼、金鲳鱼、河鲀、军曹鱼等；虾类有南美白对虾、中国对虾和日本对虾等；蟹类有锯缘青蟹、三疣梭子蟹等；贝类有扇贝、文蛤、菲律宾蛤仔和鲍鱼等；藻类有海带、紫菜、裙带菜等。按照养殖模式，可分为池塘围堰、浅海滩涂、筏式养殖、网箱养殖、陆基工厂化养殖等。

（二）养殖模式

我国水产养殖主要有池塘养殖、大水面养殖、网箱养殖、工厂化循环水养殖等模式。

池塘养殖是利用池塘进行养殖生产的一项生产技术，包括混养和单养两种。按照养殖功能不同可分为亲鱼池、鱼种池、鱼苗池和成鱼池等。整个生产过程大致分为鱼类人工繁殖、鱼类苗种培育和成鱼养殖3个主要阶段。我国池塘养殖在总产量、养殖面积或集中连片鱼池平均单产方面均居世界首位。

大水面养殖是指利用水库、湖泊、江河等水体养殖水产品的一种方式。大水面养殖目前主要采用人放天养的方式，是一种以"净水、抑藻、提质、增效"为目的的渔业发展模式。目前大水面养殖中除粗放型的增养殖外，还包括网栏、围网等集约化养殖模式，应用人工投饵技术，产量得到了较大的提高，近年因环境保护相关工作，这类集约化养殖模式受到严格控制，大多被拆除清理。

网箱养殖是通过在湖泊、水库、河道等大中型水域以及浅海、港湾等水域设置网箱进行渔业生产的一种方式。在池塘内能够养殖的鱼类几乎均可在网箱内养殖，网箱养殖需根据养殖水域，选择适宜的养殖鱼类，确定放养规格、放养时间、放养量及放养方法，并采用投喂人工配合颗粒饲料等方式进行饲养管理。

工厂化循环水养殖（RAS）是以养殖水体的循环再利用为主要特征，一套循环水养殖系统通常由养殖池和水处理系统组成。养殖的品种主要为一些价值较高的鱼类、虾类及贝类等，主要包括半滑舌鳎、大菱鲆、石斑鱼、河鲀、鳗鲡、对虾、鲍和海参等。

（三）渔业捕捞

捕捞是使用捕捞工具捕获经济水生动物的生产活动，也是渔业重要的组成部分。根据捕捞水域的不同，我国渔业捕捞可划分为海洋捕捞及淡水捕捞两大板块，其中海洋捕捞凭借广阔的作业范围以及巨大的渔业资源优势成为我国渔业捕捞中最主要的发展形式。海洋捕捞指利用各种渔具、渔船及设备在海洋中对海洋鱼类和其他水生经济动植物的捕捞，主要包括各种鱼、虾、蟹、贝、藻类等天然海水动植物。从渔场利用方面划分，海洋捕捞一般分为沿岸捕捞、近海捕捞和远洋捕捞。淡水捕捞是指在江河、湖泊等内陆淡水水域，利用渔船、渔具及其他相关设备对淡水鱼类及其他水生生物进行捕捞的生产活动，是内陆水域渔业中的重要组成部分。根据捕捞水域的不同，淡水捕捞分为江河捕捞、湖泊捕捞、水库捕捞和池塘捕捞4种。我国面积较大的捕捞水域有查干湖、鄱阳湖、洞庭湖、洪泽湖、太湖等。

二、产地环境要求与基地建设

水产养殖场所处的地理位置，直接决定了养殖生物生长存活的环境状况。养殖环境状况与养殖产品的质量安全水平密切相关，要保证养殖动物的正常生长和产品质量安全，水产养殖环境应满足相关国家标准，且避免化学和生物污染。

（一）产地环境要求

《绿色食品　产地环境质量》（NY/T 391）和《绿色食品产地环境调查、监测与评价规范》（NY/T 1054）中对绿色食品水产品生产的产地环境作了统一规定。

1. 生态环境

《绿色食品　产地环境质量》（NY/T 391—2021）第4章"产地生态环境基本要求"有如下规定。

（1）绿色食品水产品生产应选择生态环境良好、无污染的地区，远离工矿区、公路铁路干线和生活区，避开污染源（图2-1）。

图2-1　产地生态环境

（2）产地应距离公路、铁路、生活区50米以上，距离工矿企业1千米以上。

（3）产地应远离污染源，配备切断有毒有害物进入产地的措施。

（4）产地不应受外来污染威胁，产地上风向和养殖用水源上游不应有排放有毒有害物质的工矿企业。

图2-2　产地生态环境多样性

（5）产地应建立生物栖息地，保护基因多样性、物种多样性和生态系统多样性，以维持生态平衡（图2-2）。

（6）应保证产地具有可持续生产能力，不对环境或周边其他生物产生污染。

（7）应在绿色食品水产品和常规生产区域之间设置有效的缓冲带或物理屏障，以防止绿色食品水产品产地受到污染。

2. 水质要求

绿色食品水产品产地使用的水质质量应符合表2-1的要求。

表2-1　渔业养殖用水水质的要求

项目	指标		检测方法
	淡水	海水	
色、嗅、味	不应有异色、异臭、异味		GB/T 5750.4
pH 值	6.5 ~ 9.0		HJ 1147
生化需氧量，BOD_5（毫克/升）	≤ 5	≤ 3	HJ 505
总大肠菌群，MPN（个/升）	≤ 500（贝类 50）		GB/T 5750.12
总汞（毫克/升）	≤ 0.000 5	≤ 0.000 2	HJ 694
总镉（毫克/升）	≤ 0.005		HJ 700
总铅（毫克/升）	≤ 0.05	≤ 0.03	HJ 700
总铜（毫克/升）	≤ 0.01		HJ 700
总砷（毫克/升）	≤ 0.05	≤ 0.03	HJ 694
六价铬（毫克/升）	≤ 0.1	≤ 0.01	GB/T 7467

（续表）

项目	指标		检测方法
	淡水	海水	
挥发酚（毫克/升）	≤ 0.005		HJ 503
石油类（毫克/升）	≤ 0.05		HJ 970
活性磷酸盐（以P计）（毫克/升）	—	≤ 0.03	GB/T 12763.4
高锰酸钾指数（毫克/升）	≤ 6	—	GB/T 11892
氨氮，NH_3-N（毫克/升）	≤ 1.0	—	HJ 536
漂浮物质水面不出现油膜或浮沫			

3. 底质要求

绿色食品水产品产地的底泥质量应符合表2-2要求。

表2-2　底泥质量要求

项目	底泥			检测方法
	pH 值 <6.5	6.5≤pH 值≤7.5	pH 值 >7.5	NY/T 1377
总镉（毫克/千克）	≤ 0.30	≤ 0.30	≤ 0.40	GB/T 17141
总汞（毫克/千克）	≤ 0.30	≤ 0.40	≤ 0.40	GB/T 22105.1
总砷（毫克/千克）	≤ 20	≤ 20	≤ 15	GB/T 22105.2
总铅（毫克/千克）	≤ 50	≤ 50	≤ 50	GB/T 17141
总铬（毫克/千克）	≤ 120	≤ 120	≤ 120	HJ 491
总铜（毫克/千克）	≤ 50	≤ 60	≤ 60	HJ 491

4. 产地环境调查、监测与评价符合要求

依据《绿色食品　产地环境调查、监测与评价规范》NY/T

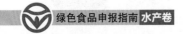

1054执行。

（1）调查内容：包括10项内容，即自然地理、气候与气象、水文状况、土地资源、植被及生物资源、自然灾害、社会经济概况、农业生产方式、工农业污染、生态环境保护措施。其中，水文状况包括该区域地表水、水系、流域面积、水文特征、地下水资源总量及开发利用情况等。

（2）监测内容：包括水质与底泥的采样布点、方法、监测项目和分析方法。水质与底泥样点数量布设如表2-3所示，水生作物和水产养殖底泥的采样层次均为0~20厘米。免测产地类型如表2-4所示。

表2-3　样点数量布设

监测对象	产地类型		布设点数（水质以每个水源或水系计）
水质	近海（包括滩涂）渔业		2个
	水产养殖业	集中养殖	2个
		分散养殖	1个
底泥	近海（包括滩涂）渔业		≥3个
	淡水养殖区		≥3个

表2-4　免测产地类型情况

监测对象	产地类型	监测对象
水质	深海渔业	免测
底泥	深海和网箱养殖区	免测

（3）评价内容：绿色食品产地环境质量评价的目的是为保证绿色食品安全和优质，从源头上为生产基地选择优良的生态环境，为绿色食品管理部门的决策提供科学依据，实现农业可持续发展。环境质量现状评价是根据环境（包括污染源）的调查与监测资料，应用具有代表性、简便性和适用性的环境质量指数系统进行综合处理，然后对这一区域的环境质量现状作出定量描述，并提出该区域环境污染综合防治措施。产地环境质量评价包括污染指数评价、土壤肥力等级划分和生态环境质量分析等。水产养殖区土壤不做肥力评价，只需评价污染指数及生态环境质量分析。

（二）基地建设要求

1. 基地规模

根据中国绿色食品发展中心印发的《绿色食品标志许可审查工作规范》和《绿色食品现场检查工作规范》"两规范"文件要求，申请使用绿色食品标志的水产品申请人，鱼、虾等水产品湖泊、水库等养殖面积应达到500亩（含）以上，养殖池塘（含稻田养殖、荷塘养殖等）面积应达到200亩（含）以上。从全国层面看，对于绿色食品水产品的生产规模提倡把握三大原则：一是因地制宜，具有产地优势；二是量力而行，具有适度规模；三是科技支撑，具有可持续性。

2. 基础条件

依据现行实施的绿色食品标志使用审核规则等要求，对绿色食品水产品生产基地基础条件原则上须做到以下几点。

（1）养殖场地集中连片、规划布局合理，具有适度规模养殖（图2-3）。

（2）基地配有进水系统、排水系统、增氧机等，生态环境优良（图2-4）。

图2-3　养殖基地规划　　　　图2-4　工作中的增氧机

（3）基地方圆5千米和上风向20千米范围不得有污染源。

（4）基地生产保障用房、渔业工具房等生产基础设施配备齐全，有配套的农业技术服务体系（图2-5）。

图2-5　养殖基地员工宿舍

3. 生产者素质

绿色食品水产品的生产靠生产者实施，因此，生产者的素质应作为基地建设的重要元素纳入。对生产者的素质基本要求如下。

（1）懂得绿色食品生产的相关政策措施，并熟知生产操作规程和规范。

（2）知晓绿色食品水产品的标准及标准化生产要求，确保产地和产品质量达标。

（3）掌握或引入绿色食品水产品生产的先进技术，并善于因地制宜地创新和推广应用。

三、疫病防治

（一）防治理念

水产养殖动物一旦发病，往往难以治疗，因此，养殖生产过程中应该树立"以防为主，防重于治"的理念，将病害防控放在首要的位置，其原因如下。

（1）水产养殖动物生活在水里，在疾病的发生初期难以被及时发现，当患病后的水产养殖动物被养殖业者发现时，往往已经是整个种群都已经发展到了病入膏肓的危重阶段，此时即使采取了正确的治疗措施也可能为时过晚，难以获得理想的疗效。

（2）目前水产养殖方式大多是集约化养殖，对水产养殖动物给药比较困难，既不能做到像对待陆生饲养动物（如猪、牛等）一样逐个口灌给药，也难以做到逐个注射给药。患病后的水产养殖动物往往因为丧失食欲而不能摄食拌有治疗药物的饵料。相反不该摄食药物饵料的健康个体因为食欲旺盛而摄食了大量药物饵料。

（3）采用药物治疗水产养殖动物的疾病时，难以避免因药物在水体中的扩散而导致水环境的污染，特别是我国的水产养殖水体大多是开放式，药物污染可能因为养殖用水的排放而造成更大的危害。

（4）水产动物患病后不仅会影响其生长，还可能导致食品安全问题。

（二）主要预防措施

1. 生态预防

生态预防是一种按照养殖动物的生态习性和养殖水体的生态环境特点，根据病害产生和发展的规律性，进行防止病害的产生，控制病害的发展，直到消灭病害的方法。

例如草鱼出血病的生态防控具体操作方法：7—9月是草鱼出血

病高发的季节，在此时期，越是吃得多的鱼越易发病，且草鱼有贪吃的特性，投多少吃多少，这样发病概率就会增大。因此，在7—9月草鱼出血病发病高峰期，适当减少投饵料，而在7月前、9月后适当增加投饵量，即称为"凹字形投饵"，这样既保证了草鱼的生长，又可在一定程度上预防草鱼出血病的发生，这就是生态预防。在水产养殖中使用微生物制剂调节水质也是生态防治的方法和手段。此外，合理的养殖密度也是生态预防的重要措施和前提条件。

2. 免疫预防

疫苗的使用可在很大程度上控制恶性传染性疾病，保障水产品安全。但疫苗的作用只能预防，不能用作治疗已经发生的病害。理论上一种疫苗只能预防一种疾病，而水产动物疾病种类很多，对水产动物的每种疾病均依靠接种相应的疫苗进行预防，目前还无法实现。对于已经相对较为成熟的疫苗，选择接种疫苗的方式进行病害防控，是一种行之有效且相对安全的方式，如草鱼出血病灭活疫苗。此外，除了使用疫苗，还要在养殖过程中严格管理养殖环境，从营养方面提高鱼体自身的免疫能力，最终才能实现理想的效果。

3. 药物预防

药物预防水产动物的疾病是对生态预防和免疫预防的补充和加强，也是水产养殖业者经常采用的措施。药物预防是一种简单、有效的手段，也是病害防治使用最多的方法。渔药的种类虽然很多，但作为预防用药，仅疫苗、过氧化钙粉（水产用），含氯、含碘消毒剂，水质（底质）改良剂和单纯的中草药等几类药物可供考虑选择使用，其他抗生素类、杀虫剂类药物不能作为预防用药。

（三）渔药使用

水产养殖中渔药使用的原则主要是：注意用药的合法性和规范性。从合法性的角度，一是不能使用国家明令禁止使用的兽（渔）药（《水产养殖用药明白纸2022年1号》，网址：http://www.yyj.

moa.gov.cn/gzdt/202211/t20221115_6415528.htm）；二是不能使用人用药和原料药；三是不能使用未取得生产许可证、批准文号与没有生产执行标准的渔药。从用药规范性的角度，水产用药应以不危害人类健康和不破坏水域生态环境为基本原则。坚持"以防为主，防治结合"；应使用国家批准的水产专用渔药和渔用生物制品，慎用标明"非药品"的调水剂等产品；病害发生时应由专业人员进行明确诊断后开具处方，对症用药；不能盲目增大用药量、增加用药次数或延长用药时间，尤其不能在饲料中添加抗生素来促生长或预防渔病。对于采购的兽（渔）药，最好留样保存，以备发生质量安全事故时，进行追溯。

1. 遵守相应的规定

严格按照国家和农业农村部的规定，不得直接使用原料药，严禁使用未取得生产许可证、批准文号的药物和禁用药物，水产品上市前要严格遵守休药期。

2. 建立用药处方制度

渔药与人用药物及兽药一样，用药时必须有专业人士的指导和监督，最好是使用处方药，使渔药的使用更加科学有序。

3. 正确诊断病情

（1）查明病因。在检查病原体的同时，对环境因子、饲养管理、疾病的发生和流行情况进行调查，做出综合分析。

（2）详尽了解发病的全过程。了解当地疾病的流行情况，养殖管理上的各个环节，以及曾采用过的防治措施，加以综合分析，将有助于对体表和内脏检查，从而得出比较准确的结果。

（3）调查水产动物饲养管理情况。包括清塘的药品和方法，养殖的种类和来源，放养密度，放养之前的消毒及消毒剂的种类、质量与数量，饲料的种类、来源与数量等。

（4）调查有关的环境因子。包括调查水源中有没有污染源，水质的好坏，水温的变化情况，养殖水面周围的农田施用农药的情况，底质的情况，水源的污染等。

（5）调查发病情况和曾经采取过的防治措施。包括发病的时间、发病的动物、死亡情况、采取的措施等。

（6）病体检查。在养殖池内选择病情较重、症状比较明显，但还没有死亡或刚死亡不久的个体进行病体检查。每种水产动物应尽量多数量检查。

（四）选药原则

使用国家颁布的推荐用药，注意药物间的相互作用，注意配伍禁忌，推广使用高效、低毒、低残留药物，并把药物防治与生态防治和免疫防治结合起来。

1. 有效性

在选择抗生素时应依据以下几点。

（1）在养殖现场分离到的致病菌株进行药物敏感性试验。

（2）要根据细菌的特性，选择合适的药物的抗菌谱。

（3）了解药物对病原菌的作用类型。

2. 安全性

渔药的安全问题应该引起足够重视。在选择药物时，既要看到它有治疗疾病的作用，又要看到其不良作用的一面，有的药物虽然在治疗疾病上非常有效，但因其毒副作用大或具有潜在的致癌作用而不得不被禁止使用。如治疗草鱼的细菌性肠炎病，通常选用抗菌药内服，而不选用消毒液内服，特别是重复多次用药物时。

3. 方便性

医药和兽药大多是直接对个体用药，而渔药除少数情况下使用注射法和涂擦法外，多是间接地对群体用药，投喂药饵或将药物投放到养殖水体中进行药浴。因此，操作方便和容易掌握是选择渔药的要求之一。

（五）给药途径的选择

1. 口服法

用药量少，操作方便，不污染环境，对不患病鱼、虾类不产生应激反应等。但其治疗效果受养殖动物病情轻重和摄食能力的影响，对病情重和失去摄食能力的个体无效，对滤食性和摄食活性生物饵料的种类给药也有一定的难度。

2. 药浴法

按照药浴水体的大小可分为遍洒法和浸洗法；根据药液浸泡的浓度和时间的不同，可以分为瞬间浸泡法、短时间浸泡法、长时间浸泡法、流水浸泡法。

浸洗法用药量少，操作简便，可人为控制，对体表和鳃上的病原生物的控制效果好，对养殖水体的其他生物无影响，是目前工厂化养殖经常应用的一种药浴方法。在人工繁殖生产中从外地购买的或自然水体中捕捞的亲鱼、亲虾、亲贝等及其受精卵也可用浸洗法进行消毒。

3. 注射法

鱼病防治中常用的注射法有两种，即肌内注射法和腹腔注射法。此法用药量准确，吸收快，疗效高（药物注射）、预防（疫苗、菌苗注射）效果好等，具有不可比拟的优越性，但操作麻烦，容易损伤鱼体。施用对象多是数量少又珍贵的种类，或是用于繁殖后代的亲本。

4. 涂抹法

具有用药少、安全、副作用小等优点，但适用范围小。主要用于少量鱼、蛙、鳖等养殖动物，以及因操作、长途运输后身体受损伤的个体或亲鱼等体表病灶的处理。适用于皮肤溃疡病及其他局部感染或外伤。

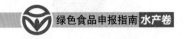

5. 悬挂法

用于流行病季节来到之前的预防或病情轻时采用，具有用药量少、成本低、方法简便和毒副作用小等优点，但杀灭病原体不彻底，只有当鱼、虾游到挂袋食场吃食及活动时，才有可能起到一定作用。

（六）给药剂量的确定

药物的剂量通常分为最小有效量、常用量（即治疗量）、极量、中毒量。剂量的选择范围一般是在最小有效量以上、极量以下的药量称之为安全范围。药物在水体中受各种理化和生物因子的影响，诸如pH值、溶解氧、水温、硬度、盐度、有机质和浮游生物的含量等，这些也是考虑药物剂量的因素。

（七）疗程的确定

用药的疗程要考虑两方面：一是给药的时间间隔，即一种养殖水生生物经确诊后，每日用药一次、两次或更多，或隔日用药一次；二是总共应用药次数或天数。

用药的次数应根据病情需要，以及药物的消除速率而定。对药物半衰期（$T_{1/2}$）短的药物，给药次数要相应增加，长期用药应注意避免积蓄中毒。具体给药方案的确定应根据药物代谢动力学（药物在机体内吸收、分布和消除的过程）以及药物在机体内对病原体的作用确定。

养殖从业人员必须按照药物的使用说明，严格用药的次数和全程用药量，切勿随意增减，对毒性大的或消除慢的药物，应规定每日的用量和疗程。

（八）不同生产阶段采取管控措施

1. 育苗期间措施

在水产育苗过程中要做好相关消毒工作。一是使用聚维酮碘或其他消毒剂，对鱼类受精卵进行消毒。二是对养殖工具等进行消毒。三是对养殖水体进行消毒，防止外源病原生物进入生产区。采取一级消毒沉淀、二级消毒沉淀、紫外消毒、去除有机物等措施净化养殖用水，保障亲本和种苗养殖用水不携带病原并减少有机物，对进入生产区之前的养殖用水进行病原和水质检测，含病原生物、水质不达标的养殖用水不能进入生产区。四是苗种出场时，全面落实水产苗种产地检疫制度。

2. 养殖期间措施

一是增加溶氧。底层易产生氨氮、亚硝酸盐和硫化氢等有害物质，应增加增氧机开启频次，避免因水质恶化引起的缺氧问题。二是降低密度。适时通过分塘等措施降低养殖密度。三是合理投喂。对于养殖密度较高的水域，科学合理地进行饵料投喂，在饲料中添加适量的中草药提高免疫力。

（九）绿色食品水产品渔药使用

绿色食品水产品在养殖过程中，渔药使用应遵守《绿色食品渔药使用准则》（NY/T 755）的要求，还应符合《中华人民共和国兽药典》《兽药质量标准》《兽药管理条例》等有关规定。以预防为主，治疗为辅。

绿色食品水产品生产环境质量应符合《绿色食品　产地环境质量》（NY/T 391）的要求。生产者应按《水产养殖质量安全管理规定》（中华人民共和国农业部令第31号）实施健康养殖。采取各种措施避免水产养殖动物应激，增强水产养殖动物自身的抗病力，减少疾病的发生。

按《中华人民共和国动物防疫法》的规定，加强水产养殖动物疾病的预防，在养殖生产过程中尽量不用或少用药物。确需使用渔药时，应保证水资源不遭受破坏，保护生物安全和生物多样性，保障生产水域质量免受污染，用药后水质应满足《渔业水质标准》（GB 11607）的要求。

在水产动物病害防控过程中，严格按照说明书的用法、用量、休药期等使用渔药，禁止滥用药、减少用药量。处方药应在执业兽医（水生动物类）的指导下使用。

1. 可使用的药物种类

所选用的渔药应符合相关法律法规，获得国家兽药登记许可，并纳入国家基础兽药数据库兽药产品批准文号数据。

优先使用《有机产品　生产、加工、标识与管理体系要求》（GB/T 19630）规定的物质或投入品、《食品安全国家标准　食品中最大兽药残留限量》（GB 31650）规定的无最大残留限量要求的渔药。允许使用的渔药清单见表2-5、表2-6及表2-7，渔药使用规范参照《渔药使用规范》（SC/T 1132）执行。

表2-5　绿色食品生产允许使用的中药成方制剂和单方制剂渔药清单

名称	备注
七味板蓝根散	清热解毒，益气固表。主治甲鱼白底板病、鳃腺炎
三黄散（水产用）	清热解毒。主治细菌性败血症、烂鳃、肠炎和赤皮
大黄五倍子散	清热解毒，收湿敛疮。主治细菌性肠炎、烂鳃、烂肢、疖疮与腐皮病
大黄末（水产用）	健胃消食，泻热通肠，凉血解毒，破积行瘀。主治细菌性烂鳃、赤皮病、腐皮和烂尾病
大黄解毒散	清热燥湿，杀虫。主治败血症
山青五黄散	清热泻火、理气活血。主治细菌性烂鳃、肠炎、赤皮和败血症
川楝陈皮散	驱虫，消食。主治绦虫病、线虫病
五倍子末	敛疮止血。主治水产养殖动物水霉病、鳃霉病
六味黄龙散	清热燥湿，健脾理气。预防虾白斑综合征

（续表）

名称	备注
双黄白头翁散	清热解毒、凉血止痢。主治细菌性肠炎
双黄苦参散	清热解毒。主治细菌性肠炎，烂鳃与赤皮
石知散（水产用）	泻火解毒，清热凉血。主治鱼细菌性败血症
龙胆泻肝散（水产用）	泻肝胆实火，清三焦湿热。主要用于治疗鱼类、虾、蟹等水产动物的脂肪肝、肝中毒、急性或亚急性肝坏死、胆囊肿大、胆汁变色等病症
地锦草末	清热解毒，凉血止血。防治由弧菌、气单胞菌等引起鱼肠炎、败血症等细菌性疾病
地锦鹤草散	清热解毒，止血止痢。主治烂鳃、赤皮、肠炎、白头白嘴等细菌性疾病
百部贯众散	杀虫，止血。主治黏孢子虫病
肝胆利康散	清肝利胆。主治肝胆综合征
驱虫散（水产用）	驱虫。辅助性用于寄生虫的驱除
板蓝根大黄散	清热解毒。主治鱼类细菌性败血症，细菌性肠炎
芪参散	扶正固本。用于增强水产动物的免疫功能，提高抗应激能力
苍术香连散（水产用）	清热燥湿。主治细菌性肠炎
虎黄合剂	清热，解毒，杀虫。主治嗜水气单胞菌感染
连翘解毒散	清热解毒，祛风除湿。主治黄鳝、鳗鲡发狂病
青板黄柏散	清热解毒。主治细菌性败血症、肠炎、烂鳃、竖鳞与腐皮
青连白贯散	清热解毒，凉血止血。主治细菌性败血症、肠炎、赤皮病、打印病与烂尾病

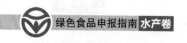

（续表）

名称	备注
青莲散	清热解毒。主治细菌感染引起的肠炎、出血与败血症
穿梅三黄散	清热解毒。主治细菌性败血症、肠炎、烂鳃与赤皮病
苦参末	清热燥湿，驱虫杀虫。主治鱼类车轮虫、指环虫、三代虫病等寄生虫病，以及细菌性肠炎、出血性败血症
虾蟹脱壳促长散	促脱壳，促生长。用于虾、蟹脱壳迟缓
柴黄益肝散	清热解毒，保肝利胆。主治鱼肝肿大、肝出血和脂肪肝
根莲解毒散	清热解毒，扶正健脾，理气化食。主治细菌性败血症、赤皮和肠炎
清热散（水产用）	清热解毒，凉血消斑。主治鱼病毒性出血病
清健散	清热解毒，益气健胃。主治细菌性肠炎
银翘板蓝根散	清热解毒。主治对虾白斑病、河蟹颤抖病
黄连解毒散（水产用）	泻火解毒。用于鱼类细菌性、病毒性疾病的辅助性防治
雷丸槟榔散	驱杀虫。主治车轮虫病和锚头鳋病
蒲甘散	清热解毒。主治细菌感染引起的败血症、肠炎、烂鳃、竖鳞与腐皮

注：新研制且国家批准用于水产养殖的中草药及其成药制剂渔药适用于本清单。

表2-6　绿色食品生产允许使用的化学渔药清单

类别	名称	备注
渔用环境改良剂	过氧化氢溶液（水产用）	增氧剂。用于增加水体溶解氧
	过碳酸钠（水产用）	水质改良剂。用于缓解和解除鱼、虾、蟹等水产养殖动物因缺氧引起的浮头和泛塘

（续表）

类别	名称	备注
渔用杀虫剂	地克珠利预混剂（水产用）	抗原虫药。用于防治鲤科鱼类黏孢子虫、碘泡虫、尾孢虫、四极虫、单极虫等孢子虫病
	阿苯达唑粉（水产用）	抗蠕虫药。主要用于治疗海水养殖鱼类由双鳞盘吸虫、贝尼登虫引起的寄生虫病，淡水养殖鱼类由指环虫、三代虫等引起的寄生虫病
	硫酸锌三氯异氰脲酸粉（水产用）	杀虫剂。用于杀灭或驱除河蟹、虾类等水产养殖动物的固着类纤毛虫
	硫酸锌粉（水产用）	杀虫剂。用于杀灭或驱除河蟹、虾类等水产养殖动物的固着类纤毛虫
渔用抗微生物药	氟苯尼考注射液	酰胺醇类抗生素。用于巴氏杆菌和大肠埃希菌感染
	氟苯尼考粉	酰胺醇类抗生素。用于巴氏杆菌和大肠埃希菌感染
	盐酸多西环素粉（水产用）	四环素类抗生素。用于治疗鱼类由弧菌、嗜水气单胞菌、爱德华氏菌等引起的细菌性疾病
	硫酸新霉素粉（水产用）	氨基糖苷类抗生素。用于治疗鱼、虾、河蟹等水产动物由气单胞菌、爱德华氏菌及弧菌等引起的肠道疾病
渔用生理调节剂	亚硫酸氢钠甲萘醌粉（水产用）	维生素类药。用于辅助治疗鱼、鳗、鳖等水产养殖动物的出血、败血症
	注射用复方绒促性素A型（水产用）	激素类药。用于鲢、鳙亲鱼的催产
	注射用复方绒促性素B型（水产用）	用于鲢、鳙亲鱼的催产
	维生素C钠粉（水产用）	维生素类药。用于预防和治疗水产动物的维生素C缺乏症

（续表）

类别	名称	备注
渔用消毒剂	次氯酸钠溶液（水产用）	消毒药。用于养殖水体的消毒。防治鱼、虾、蟹等水产养殖动物由细菌性感染引起的出血、烂鳃、腹水、肠炎、疖疮、腐皮等疾病
	含氯石灰（水产用）	消毒药。用于养殖水体的消毒。防治水产养殖动物由弧菌、嗜水气单胞菌、爱德华氏菌等引起的细菌性疾病
	蛋氨酸碘溶液	消毒药。用于对虾白斑综合征。水体、对虾和鱼类体表消毒
	聚维酮碘溶液（水产用）	消毒防腐药。用于养殖水体的消毒。防治水产养殖动物由弧菌、嗜水气单胞菌、爱德华氏菌等引起的细菌性疾病

注：国家新禁用或列入限用的渔药自动从本清单中删除。

表2–7　绿色食品生产允许使用的渔用疫苗清单

名称	备注
大菱鲆迟钝爱德华氏菌活疫苗（EIBAV1株）	预防由迟钝爱德华氏菌引起的大菱鲆腹水病，免疫期为3个月
牙鲆鱼溶藻弧菌、鳗弧菌、迟缓爱德华病多联抗独特型抗体疫苗	预防牙鲆鱼溶藻弧菌、鳗弧菌、迟缓爱德华病。免疫期为5个月
鱼虹彩病毒病灭活疫苗	预防真鲷、鰤鱼、拟鲹的虹彩病毒病
草鱼出血病灭活疫苗	预防草鱼出血病。免疫期12个月
草鱼出血病活疫苗（GCHV-892株）	预防草鱼出血病
嗜水气单胞菌败血症灭活疫苗	预防淡水鱼类特别是鲤科鱼的嗜水气单胞菌败血症，免疫期为6个月

注：国家新禁用或列入限用的渔药自动从本清单中删除。

2. 不应使用的药物种类

不应使用国务院兽医行政管理部门规定禁止使用和中华人民共和国农业农村部公告中禁用和停用的药物。

不应使用药物饲料添加剂。

不应为了促进水产养殖动物生长而使用抗菌药物、激素或其他生长促进剂。

不应使用假劣兽药和原料药、人用药、农药。

3. 渔药使用记录

建立渔药使用记录，应符合《水产养殖质量安全管理规范》（SC/T 0004）和《渔药使用规范》（SC/T 1132）的规定，满足健康养殖的记录要求。

应建立渔药购买和出入库登记制度，记录至少包括药物的商品名称、通用名称、主要成分、生产单位、批号、数量、有效期、储存条件、出入库日期等。

应建立消毒、水产动物免疫、水产动物治疗等记录。各种记录应包括以下内容。

（1）消毒记录，包括消毒剂名称、批号、生产单位、剂量、消毒方式、消毒频率或时间、养殖种类、规格、数量、水体面积、水深、水温、pH值、溶解氧、氨氮、亚硝酸盐、消毒人员等。

（2）水产动物免疫记录，包括疫苗名称、批号、生产单位、剂量、免疫方法、免疫时间、免疫持续时间、养殖种类、规格、数量、免疫人员等。

（3）水产动物治疗记录，包括养殖种类、规格、数量、发病时间、症状、病死情况、药物名称、批号、生产单位、使用方法、剂量、用药时间、疗程、休药期、施药人员等，使用外用药还应记录用药时的水体面积、水深、水温、pH值、溶解氧、氨氮、亚硝酸盐等。

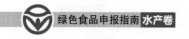

所有用药记录应当保存至该批水产品全部销售后2年以上。

（十）鱼类常见疾病及防治措施

1. 细菌性疾病

细菌性疾病是指以细菌为病原导致的疾病。细菌性疾病是鱼类养殖过程中比较常见且容易大面积传播的疾病。常见的细菌性疾病包括暴发性出血病、肠炎病、烂鳃病、赤皮病等。

暴发性出血病

又称细菌性败血症，属传染性疾病，对鱼类危害十分大，一旦发生暴发性出血病，其波及的范围广，造成的损失严重。鱼类一旦患上该疾病，主要表现为腹部膨大、肛门红肿、鱼体表面充血并且腹腔内有大量腹水，有时也会伴有鳞片竖起、眼球突出、鳃丝末

图2-6　暴发性出血病

端腐烂等现象（图2-6）。细菌性败血症的病原为嗜水气单胞菌、河弧菌、鲁克氏耶尔森氏菌等。通常连片流行，时间从4月初至12月底，水温9～34℃均可发生。

防治措施：①彻底清塘，清除池底过多的淤泥，从而减少淤泥消耗大量的氧气。②定期加注清水、换水以及遍洒化浆的生石灰，调节水质和改良池塘底质。③把好鱼种和饲料关，选择优质鱼种和营养全面的配合饲料。④做好鱼体、饲料、工具和养殖场消毒。疾病流行季节应用药物预防，做到早发现早治疗，防范在先。

外用药物及施用方法：采用含氯石灰（水产用）（有效氯≥25.0%）以1.0～1.5克/米³水体的浓度全池泼洒，一天1次，连续2天。第一疗程完成后，隔3～4天进行第二疗程，方法与剂量相同。

内服药物与施用方法：采用盐酸多西环素粉（水产用）按照每千克鱼体重20毫克拌饵投喂，一天1次，连用3～5天；或采用板蓝根大黄散拌饵投喂，每千克鱼体重1～1.5克（按5%投饵量计，每千克饲料用本品20～30克），一天2次，连用3～5天。如果是颗粒料，可用喷壶将稀释好的药液均匀地喷在饲料表面，但不应使饲料潮解，应马上进行人工投喂；如果是散料，可将饲料先用药液浸泡，然后定点投喂。

肠炎病

肠炎病又名烂肠瘟，是一种流行很广的细菌性疾病，能危害各种养殖鱼类，也是对鱼类危害最为严重的细菌性疾病之一。病鱼食欲降低，行动缓慢，常离群独游，鱼体发黑或体色减退，腹部膨大，肛门外突红肿，挤压腹壁有黄红色腹水流出。拨开肠管，可见肠壁局部充血发炎，肠内无食物，黏液较多（图2-7）。发病后期，全肠呈红色，肠壁弹性差，充满淡黄色黏液。此病在水温18℃以上开始流行，流行高峰在水温25～30℃，发病严重时死亡率可高达90%以上。

图2-7 肠炎病

防治措施：①发病初期用1毫克/升含氯石灰（水产用）（有效氯≥25.0%）遍洒，或用10毫克/升浓度的含氯石灰（水产用）液浸泡，消毒鱼体及饲鱼工具。②在饵料中拌入药物投喂病鱼，可选用硫酸新霉素粉（水产用）按照5毫克/千克鱼体重剂量拌饵投喂，一天1次，连用4～6天；或采用苍术香连散（水产用），按照0.3～0.4克/千克体重剂量拌饵投喂，一天1次，连用7天。

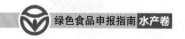

烂鳃病

烂鳃主要是细菌性感染所致，病鱼鳃丝腐烂带有污泥，鳃盖骨的内表皮往往充血，中间部分的表皮常被腐蚀成一个圆形不规则的透明"小窗"（俗称"开天窗"）。通常情况下，如果养殖池塘水温在15~30℃，都有可能发生烂鳃病，该疾病水温越高就越容易暴发，一旦养殖鱼类患有这类疾病，就会出现体色发黑、食欲减退等现象，若将其鳃盖打开，就能明显看见其表面皮肤充血发炎，并且中间部分常会糜烂（图2-8）。

图2-8 烂鳃病

防治措施：在对烂鳃病进行防治的过程中，需要遵循以下几点：①尽可能避免养殖鱼类出现受伤等现象。②在对养殖鱼类放养苗种的过程中，要对其采取适当的消毒措施。③在鱼类养殖过程中，要对养殖水域定期消毒，以此来减少水域内的病菌。④一旦鱼类患有烂鳃病，则需要立即对其进行外消内服治疗，其中，外消指消毒剂的使用，可用次氯酸钠溶液（水产用，有效氯≥5.0%）按照1.0~1.5毫升/米^{3}的剂量全池泼洒，每2~3天一次，连用2~3次；内服指的是抗菌药的使用，可用氟苯尼考粉（水产用）按照每千克鱼体重10~15毫克剂量拌饵投喂，一天1次，连用3~5天。

赤皮病

赤皮病又称出血性腐败病，赤皮瘟、擦皮瘟等。造成赤皮病主要的细菌是荧光假单胞菌。此病多发生于2~3龄鱼，当年鱼也可发生，常与肠炎病、烂鳃病同时发生，形成并发症。该病主要危害草鱼、青鱼、鲤鱼、团头鲂等多种淡水鱼类，在我国各养鱼地区，一年四季都有流行，但是以水温25~30℃时为流行盛期。病鱼主要症状表现为行动缓慢，反应迟钝，衰弱、离群独游于水面。体表局部或大面积出血发炎，鳞片脱落，特别是鱼体两侧和腹部最为明显。鳍充血，尾部烂掉，形成"蛀鳍"。鱼的上下颚及鳃盖部分充血，呈块状红斑。有时鳃盖烂去一块，呈小圆窗状，出现"开天窗"。在鳞片脱离和鳍条腐烂处往往出现水霉寄生，加重病势。发病几天后就会死亡（图2-9）。

图2-9　赤皮病

防治措施：赤皮病防治措施基本上和烂鳃病防治措施相同。在对养殖鱼类进行放养、起捕的过程中，养殖人员要尽量控制动作轻快，尽量减少鱼体出现受伤的现象，在快入冬的时候，养殖人员需要对养殖水域进行适当的消毒，同时还要适当加深池水，避免鱼体出现被冻伤的现象，等天气转暖之后，则要尽早投饵，最大程度保障鱼体的免疫力。一旦发现鱼类发生该疾病，则要立即对其及时处理，依然还是使用外消内服方式进行治疗。

2. 病毒性疾病

病毒性疾病是淡水鱼类疾病中常见病症，也是最难治疗的一类传染病。常见的有草鱼出血病、传染性造血器官坏死病、鲤春病毒血症、锦鲤疱疹病毒病、病毒性出血败血症、传染性胰脏坏死病等。共同特征是发病快、难治疗、死亡率高。一旦发病，应及时上报水产部门，做相应的隔离和无害化处理。此类疾病以预防为主，严格控制跨地区苗种及亲鱼的检疫检验，同时对池塘及网具、渔具、运输工具彻底消毒，从根源上消灭病原体。养殖过程中可以使用中草药来进行预防，利用其中的多糖、生物碱等生物活性物质，激发提高鱼体自身免疫力。

草鱼出血病

病原为草鱼出血病病毒（呼肠孤病毒）、小核糖核酸病毒。危害对象草鱼鱼种及1足龄青鱼。主要症状为病鱼体表、肌肉、内脏充血、出血（图2-10）。水温20℃以上流行，25～28℃为流行高峰。目前无有效的药物用于治疗，最有效的控制措施是注射草鱼出血病灭活疫苗或草鱼出血病活（减毒）疫苗，加强水源消毒，加强引种的检疫。可以使用含氯石灰（水产用，有效氯≥25.0%）

图2-10 草鱼出血病

以1.0～1.5克/米³水体的浓度全池泼洒，一天1次，连用2天，对预防和控制疾病有一定作用。确诊患病的鱼必须销毁，并对养殖水体、工具、运输工具及周围的场地进行彻底消毒。

传染性造血器官坏死病

此为冷水鱼所患的病毒性疾病，病原为传染性造血器官坏死病毒（IHNV）。主要危害虹鳟、大鳞大马哈鱼、大西洋鲑等鲑鳟鱼类。主要症状为狂游，眼凸，有腹水，肛门处拖1条长而粗的黏液便，鳍基、口腔、肌肉（图2-11）、脂肪组织、腹膜、脑膜、鳔、心包膜出血。该病在8～15℃时流行。通过严格检疫进行防控，禁止带毒的受精卵、苗种、亲鱼跨地区运输。确诊患病鱼必须销毁，并对养殖水体、工具、运输工具及周围的场地进行消毒。

图2-11 传染性造血器官坏死病

鲤春病毒血症

该病主要危害鲤鱼，但也可感染草鱼、鲢鱼、鳙鱼、鲫鱼和欧鲇等，鲤鱼是其中最敏感的宿主。该病毒可在13～22℃生长，最适温度为17℃，常在水温15～20℃的春季暴发，17℃左右发病率最高，水温大于20℃时发病率有所下降，超过22℃时不再发病。1龄以下的鲤鱼最易感染患病，苗种的死亡率可达50%～70%甚至更高，染病成年鲤鱼会有症状，但死亡率较低。以全身性出血、水肿及腹水为主要特征（图2-12）。一旦发现该病，应及时中断传染源，隔离或扑杀病鱼和带毒鱼，防止大规模疫病的暴发。患病鱼和死鱼必须销毁，并对水和用具彻底消毒。

图2-12　鲤春病毒血症

3. 鱼类寄生虫病

常见的鱼类寄生虫病有小瓜虫病、隐鞭虫病、黏孢子虫病、车轮虫病、三代虫病、鱼鲺病、猫头鳋病、中华鳋病、指环虫病等。

小瓜虫病

病原是多子小瓜虫。主要危害各种海淡水鱼。病体体表和鳃上形成小白点，发病水温为15～25℃，主要流行于春季、秋季。预防措施为池塘清淤彻底消毒，烈日下暴晒1周。鱼塘注满水3天后投放入鱼苗。苗种用20%～30%的盐水浸泡5分钟。小瓜虫病目前尚无理想的治疗方法，可用盐水浸泡或将水温提高到28℃以上。

车轮虫病

病原为车轮虫。危害各种海水鱼和淡水鱼。各地四季都有发生，引起病鱼大批死亡，多发生于初夏。预防措施为池塘清淤、彻底消毒。低倍镜下1个视野达到30个以上虫体时应及时采取治疗措施。可用雷丸槟榔散参照说明书拌饵投喂。

三代虫病、鱼鲺病、猫头鳋病、中华鳋病、指环虫病

病原分别为三代虫、鱼鲺、猫头鳋、中华鳋、指环虫，均为肉眼可见的寄生虫。主要是在鱼类鳃部和体表处寄生，鳃部大量寄生时，鳃丝肿胀，会出现"假浮头"现象。寄生体表，病鱼黏液大量增加，鱼类会出现烦躁、极度不安，水面跳跃的情况。病鱼食欲不振、消瘦，大量寄生会导致死亡。预防措施为池塘清淤、彻底消毒。用阿苯达唑粉（水产用，6%）200毫克/千克每日1次拌饵投喂，连用5~7天。

（十一）虾蟹类常见疾病及防治措施

1. 病毒性虾蟹病

白斑综合征

白斑综合征的病原体是白斑综合征病毒（WSSV）。对虾感染最典型的特征是位于头胸甲的触角区内出现白斑，头胸甲比较容易剥离。凡纳滨对虾感染后，会出现弹跳无力、经常漫游于水面或者伏于池边不动等异常情况，并且很快会死亡，通过对病虾或死虾的镜检可以发现，其头胸甲上可以看到针尖样大小的一些白色斑点（图2-13），而此时的对虾胃内还充满着食物。胃上皮受到感染后停止摄食，病虾出现空肠空胃现象，存活率大幅下降，幼虾与成虾均会发生暴亡，尤其是成虾死亡率更高。防治手段主要为投喂优质饲料提高对虾的免疫力，并及时检查水质更换水体。

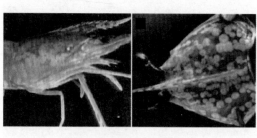

图2-13　对虾白斑综合征

河蟹颤动病

河蟹颤动病的病原体是小核糖核酸病毒。病蟹常反应迟钝、行动迟缓，螯足的握力减弱，吃食减少以致不吃食；鳃排列不整齐，呈浅棕色，少数甚至呈黑色；血淋巴液稀薄、凝固缓慢或不凝固；最典型的症状为步足颤抖、环爪、爪尖着地、腹部离开地面，甚至蟹体倒立。从发病至死亡一般3~7天，病蟹鳃丝苍白水肿，胃内无食物，手压腹部一般无粪便流出（图2-14）。河蟹颤抖病的主要发病期是3—11月，尤其是夏、秋两季最为流行，8—9月为发病的高峰期。发病水温一般为20~35℃，以25~28℃时发病最为严重，20℃以下的水体极少发病。

图2-14 河蟹颤动病（环爪、倒立）

防治措施：定期用含氯石灰（水产用，有效氯≥25.0%）彻底清塘。坚持"四定"投喂原则，不投喂变质饵料。在7—9月高温期，保持池塘水深1米以上，每隔15天以1.0~1.5克/米³水体的浓度全池泼洒化浆的生石灰，一天1次，连用2天。经常更换池水，保持水质清新。病蟹、死蟹应进行无害化处理。死蟹要集中挖坑掩埋，患病池不换水，只注水，以免扩大或交叉感染。外购蟹种应经检疫，确认为健康无病害的蟹种才能放养，对蟹种进行放养前应用3%的食盐浸泡消毒。消毒时间可根据蟹种及病原体种类、数量情况而定。

2. 细菌性虾蟹病

褐斑病（甲壳溃疡病）

病蟹或病虾甲壳出现棕色、红棕色点状病灶，这些斑点逐步发展连成块状，中心部溃烂，边缘呈黑色（图2-15），继而引起其他细菌、真菌侵入，严重影响摄食生长。患病的虾、蟹甲壳上出现小点，进而发展成溃疡小孔，并逐渐扩大，通常有黑褐色色素沉着，溃疡的边缘呈白色，溃疡可遍及全身，妨碍蜕皮，影响生长及美观，降低商品价值，一般不引起大批死亡。此病流行于4—9月，尤以水温17℃以上的春末夏初发病较为严重。中国对虾、斑节对虾或越冬亲虾多易发生褐斑病而大量死亡，危害幼体和成体，流行区域极大。

图2-15　虾甲壳溃疡病

防治措施：严格操作，避免蟹体受伤。及时更换池水，改善水质。全池泼洒五倍子2毫克/升。用0.5%～1.0%食盐溶液浸洗病蟹3～5分钟，每天1次，连用5～7天。养成池甲壳溃疡病的预防措施主要是饲料营养齐全、水质不受污染，池水定期用含氯消毒剂消毒。越冬期亲虾的预防方法主要是操作过程中防止受伤。

红腿病

红腿病的病原已报道的有副溶血弧菌、鳗弧菌、溶藻弧菌、哈氏弧菌、气单胞菌和假单胞菌等革兰染色阴性杆菌。流行季节为6—10月，8—9月最常发生，南方可持续到11月。外观表现为步足、游泳足、尾扇和触角等变为微红或鲜红色（图2-16）。解剖可见肠空，肝脏呈浅黄色或深褐色，肌肉弹性差。预防措施为秋冬季清

图2-16　红腿病

除池底淤泥，用含氯石灰（水产用）或次氯酸钠溶液（水产用）消毒。治疗可以选择虾拌饵投喂氟苯尼考粉、大蒜等，或使用硫酸锌三氯异氰脲酸粉（水产用）等消毒水体。

3. 虾蟹类寄生虫病

蟹奴病

蟹奴为雌雄同体，寄生在蟹腹部。该病极易在含盐量较高的咸淡水池塘中发生，河蟹感染蟹奴后，病蟹生长缓慢，性腺不发育，雌雄难辨。蟹奴严重寄生时，河蟹肉变臭，不能食用，俗称"臭虫蟹"。病蟹腹部略显臃肿，打开脐盖可见长2～5毫米、厚约1毫米的乳白色或半透明粒状虫体寄生于附肢或胸板上（图2-17），该病发生的主要原因是池水含盐量高，蟹奴大量繁殖，幼体扩散感染所致。发病季节为6—9月，尤以8月较为常见。

图2-17　蟹奴病

防治措施：选择苗种时应把蟹奴剔除，可用食盐溶液浸泡。放养前严格清池，通常用含氯石灰（水产用）等药物可杀灭池内蟹奴。蟹池内混养少量黑鱼，控制蟹奴幼虫。

微孢子虫病

随不同种类的病原感染，症状有差异。墨吉对虾、中国对虾肌肉上寄生的微孢子虫，使对虾肌肉变白浑浊，不透明，失去弹性，故又称之为乳白虾或棉花虾（图2-18）。墨吉对虾卵巢感染微孢子虫后，背甲往往呈橘红色。微孢子虫病是一种慢性型疾病，通常病虾逐渐衰弱，最后死亡。

图 2-18　对虾微孢子虫病

预防措施：严格挑选亲虾，发现带病者废弃不用。做好虾池清淤消毒，对有发病史的虾池更要严格消毒。发现病虾、死虾及时捞出并销毁，防止被健康虾吞食。

四、饲料及饲料添加剂使用

（一）水产饲料概述

水产饲料是专门为水生养殖动物提供的饵料，水产饲料生产的原料主要由鱼粉、谷物原料和油脂构成，鱼粉和谷物原料往往占到饲料成分的50%以上。水产饲料产品按加工工艺不同主要分为粉状料、颗粒料（传统硬颗粒料）、膨化料3种。按照水产动物的不同生长阶段，水产饲料可分为开口料（苗期饲料）、幼期料、中期料、成期料。按饲喂品种可分为鱼饲料、虾料和蟹料。

1. 水产动物对饲料的要求

由于水产养殖动物长期生活在水中，且多为变温动物，在水中耗能较少。但水产动物对蛋白质的需要量更高，且对无氮浸出物利用率较低，水产动物体内部分多不饱和脂肪酸及维生素C并不能靠自身合成，投喂饲料应该依照水产动物对营养的需求特点合理制作。

由于生活环境限制，水产用配合饲料应维持在水中不溃散，且溶失率少。需要依据不同水产动物的特点制作满足不同需求的饲料，例如鱼、虾、蟹为吞食、抱食，因此水产用饲料必须制成颗粒状。鲍利用齿舌刮食，应把饲料制成片状（图2-19）。鳖、鳗鲡等饲料较特殊，一般为粉状，使用时应制成糜状团块，当然也可以制成颗粒饲料，通过驯化能取得很好的投喂效果。

图 2-19　鲍的饲料

2. 按加工工艺分类的水产饲料

粉状料

粉状饲料就是将原料粉碎，并达到一定程度，混合均匀后而成。水产饲料一般要求原料粉碎达60～100目（图2-20），视不同养殖对象和不同生长期而异。如果是用于育苗期间的饲料，粉碎细度要求更高。因饲料中含水量不同而有粉末状、浆状、糜状、面团状等区别。粉状饲料适用于饲养鱼苗、小鱼种以及摄食浮游生物的鱼类。粉状饲料经过加工，加黏合剂、淀粉和油脂（喷雾），揉压成面团状或糜状，适用于鳗鱼、虾、蟹、鳖及其他名贵肉食性鱼类食用。

图 2-20　水产用粉状饲料

颗粒料（传统硬颗粒料）

颗粒饲料制作过程比较简单，通常先将多种原料通过粉碎机进行粉碎，然后经过饲料颗粒机将原料制作成颗粒状。一般来说，粉碎机决定了原料被粉碎的程度，饲料颗粒剂可以调节其长度、大小（图2-21）。颗粒饲料稳定性更高，水分含量较少更易于存储，且生产成本较低，适用于多种水产动物食用。

图2-21　不同规格大小的颗粒饲料

膨化料

膨化饲料是饲料进行挤压膨化使其中淀粉糊化、蛋白质组织化，有利于动物消化吸收，饲料的消化率和利用率显著提高。通过膨化工艺参数的设置能改善饲料在水中的沉降性，还可以制成各种沉降速度的膨化饲料（图2-22），如浮性、慢沉性和沉性等，以满足水产动物不同生活习性的要求，减少饲料损失，避免水质污染。例如，质地疏松、多孔的浮性饲料适合上层鱼类采食。典型工艺流程主要包括原料的接收、清理、粗粉碎，一次配料与混合，二次粉碎，二次混合，调质与膨化，制粒与喷涂，产品分级与包装等工序。

图2-22　水产膨化饲料

（二）常见的饲料添加剂

饲料添加剂是为了补充饲料中营养成分的不足、提高饲料利用率、改善饲料口味、提高适口性、促进水产动物正常发育和加速生长、改进产品品质、防治疾病、改善饲料加工性能以及减少饲料储藏和加工运输过程中营养成分的损失。

饲料添加剂包括营养性添加剂和非营养性添加剂。其中，营养性添加剂一般为氨基酸、维生素、矿物质等，非营养性添加剂一般为促生长剂、酶制剂、微生态剂、诱食剂、黏合剂、抗氧化剂、防霉剂、着色剂等。

氨基酸添加剂中，鱼类对精氨酸、赖氨酸、蛋氨酸及苯丙氨酸的需要量较大，在饲料中应适量添加（图2-23）。鱼类自身并不能合成维生素C且维生素添加剂可以促进鱼类生长，所以需要适量添加。矿物质添加剂使用过程中要注意微量矿物元素的添加量，以满足水产动物生长过程中的营养需要。

图2-23　氨基酸添加剂

促生长剂的主要作用是通过刺激内分泌系统，调节新陈代谢、提高饲料的利用率来促进水产动物的生长，应用于生产的促生长剂主要包括中草药、大蒜素等。

图2-24　淀粉酶

酶制剂可以促进饲料中营养成分的分解和吸收、提高其利用率，多由微生物发酵或从植物中提取。常见的有淀粉酶（图2-24）、脂肪酶、纤维素酶等。

微生态制剂是利用有益微生物，通过鉴定、筛选、培养、干燥等一系列工艺制成的生物活性制剂，具有抗疾病、促生长、提高饲料利用率、无毒副作用、无药物残留等特点。主要有芽孢杆菌、乳杆菌、酵母菌、双歧杆菌等。

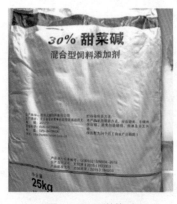

图2-25　甜菜碱

诱食剂也称引诱剂、促摄食物质，其作用是提高配合饲料的适口性，诱引和促进动物对饲料的摄食。常见的诱食剂有氨基酸、甜菜碱（图2-25）、脂肪酸等。

黏合剂是水产饲料特有的添加剂，其作用是将各种成分黏合在一起，防止饲料营养成分在水中溶解和溃散，便于水产动物摄食，提高饲料效率，防止水质恶化。常见的黏合剂有α-淀粉、海藻酸钠等。

抗氧化剂是指能够阻止或延迟饲料氧化，提高饲料稳定性和延长储存期的物质。常见的抗氧化剂有乙氧基喹啉、二丁基羟基甲苯等。

（三）绿色食品水产品饲料及饲料添加剂的使用原则及基本要求

绿色食品水产品饲料及饲料添加剂的使用应依据《绿色食品饲料及饲料添加剂使用准则》（NY/T 471）中的使用原则及基本要求。

1. 使用原则

（1）安全优质原则。生产过程中，饲料和饲料添加剂的使用应对养殖动物机体健康无不良影响，所生产的动物产品安全、优质、营养，有利于消费者健康且无不良影响。

（2）绿色环保原则。绿色食品生产中所使用的饲料和饲料添加剂及其代谢产物，应对环境无不良影响，且在畜牧业产品、渔业产品及排泄物中的残留对环境也无不良影响，有利于生态环境保护和养殖业可持续健康发展。

（3）以天然饲料原料为主原则。提倡优先使用天然饲料原料、天然植物饲料添加剂、微生物制剂、酶制剂和有机微量元素，限制使用化学合成的饲料和饲料添加剂。

2. 基本要求

（1）饲料原料的产地环境应符合《绿色食品　产地环境质量》（NY/T 391）的要求，植物源性饲料原料种植过程中肥料和农药的使用应符合《绿色食品　肥料使用准则》（NY/T 394）和《绿色食品　农药使用准则》（NY/T 393）的要求，天然植物饲料原料应符合《天然植物饲料原料通用要求》（GB/T 19424）的要求。

（2）饲料和饲料添加剂，应是农业农村主管部门公布的《饲料原料目录》《饲料添加剂品种目录》中的品种；不在目录内的饲料原料和饲料添加剂应是农业农村主管部门批准使用的品种，或是允许进口的饲料和饲料添加剂品种，且使用范围和用量应符合相关规定。

（3）使用的饲料原料、饲料添加剂、混合型饲料添加剂、配合饲料、浓缩饲料及添加剂预混合饲料应符合其产品质量标准的规定。

（4）根据养殖动物不同生理阶段和营养需求配制饲料，原料组成宜多样化，营养全面，各营养素间相互平衡，饲料的配制应当符合营养、健康、节约、环保的理念。

（5）保证草食动物每天都能得到满足其营养需要的粗饲料。

（6）购买的商品饲料，其原料来源和生产过程应符合以上要求。

（7）绿色食品生产单位和饲料企业，应做好饲料及饲料添加剂的相关记录，确保可查证。

3. 卫生要求

饲料的卫生指标应符合《饲料卫生标准》（GB 13078）的要求，饲料添加剂应符合相应卫生标准的要求。

4. 饲料的加工、包装、运输及储存

图2-26　饲料加工厂

（1）饲料加工厂房内应有足够的加工场地和充足的光照，以保证生产正常运转，并留有对设备进行日常维修和清理的通道及进出口（图2-26）。

（2）生产绿色食品的饲料和饲料添加剂，应有专门的加工生产车间、专车运输、专库储存、专人管理、专门台账，避免批次之间发生交叉污染。

（3）原料或成品存放地、生产车间、包装车间等场所的地面应具有良好的防潮性能，并实时进行日常保洁，确保地面无残存废水、垃圾、废弃物及杂乱的设备等（图2-27）。

图2-27　饲料存放

（4）包装应符合《绿色食品　包装通用准则》（NY/T 658）的要求。纸类包装应符合以下要求：直接接触绿色食品的纸包装材料或容器不应添加增白剂，其他指标应符合《食品包装用原纸卫生标准》（GB 11680）的规定；直接接触绿色食品的纸包装材料不应使用废旧回收纸材；直接接触绿色食品的纸包装容器内表面不应有印刷，不应涂非食品级蜡、胶、油、漆等。塑料类包装应符合以下要求：直接接触绿色食品的塑料包装材料和制品不应使用回收再用料；直接接触绿色食品的塑料包装材料和制品应使用无色的材料；不应使用聚氯乙烯塑料。金属类包装不应使用对人体和环境造成危害的密封材料和内涂料。玻璃类包装的卫生性能应符合《包装玻璃容器　铅、镉、砷、锑溶出允许限量》（GB 19778）的规定。陶瓷包装应符合以下要求：卫生性能应符合《陶瓷包装容器铅、镉溶出允许极限》（GB 14147）的规定。

（5）储存和运输应符合《绿色食品　储藏运输准则》（NY/T 1056）的要求。

5. 饲料原料

植物源性饲料原料，应是通过认定的绿色食品及其副产品，或来源于绿色食品原料标准化生产基地的产品及其副产品，或是按照绿色食品生产方式生产并经认定的原料基地生产的产品及其副产品。

动物源性饲料原料，应只使用乳及乳制品、鱼粉和其他海洋水产动物产品及副产品，其他动物源性饲料不可使用；鱼粉和其他海洋水产动物产品及副产品，应来自经农业农村主管部门认可的产地或加工厂，并有证据证明符合相关规定要求，其中鱼粉应符合《饲料原料　鱼粉》（GB/T 19164）的规定。进口的鱼粉和其他海洋水产动物产品及副产品，应有国家检验检疫部门提供的相关证明和质量报告，并符合相关规定。

宜使用农业农村主管部门公布的《饲料原料目录》中可饲用天然植物。

不应使用畜禽及餐厨废弃物、畜禽屠宰场副产品及其加工产品、非蛋白氮。

6. 饲料添加剂

饲料添加剂、混合型饲料添加剂和添加剂预混合饲料，应来自取得生产许可证的厂家，并具符合规定的产品标准，且饲料添加剂应取得产品批准文号，混合型饲料添加剂和添加剂预混合饲料应按要求在农业农村主管部门指定的备案系统进行备案。进口饲料添加剂，应具有进口产品许可证以及质量标准和检验方法，并经出入境部门检验检疫合格。

饲料添加剂的使用，应根据养殖动物的营养需求，按照《饲料添加剂安全使用规范》（农业农村部第2625号公告）的推荐量合理添加和使用，严防对环境造成污染。

不应使用制药工业副产品（包括生产抗生素、抗寄生虫药、激素等药物的残渣）。

饲料添加剂的使用，应按照表2-8的规定，其中来源于动物蹄角及毛发生产的氨基酸不可使用。矿物质饲料添加剂中应有不少于60%的种类来源于天然矿物质饲料或有机微量元素产品。

表2-8　生产绿色食品允许使用的饲料添加剂种类

类别	通用名称	适用范围
矿物元素及其络（螯）合物	氯化钠、硫酸钠、磷酸二氢钠、磷酸氢二钠、轻质碳酸钙、氯化钙、磷酸氢钙、磷酸二氢钙、磷酸三钙、乳酸钙、葡萄糖酸钙、硫酸镁、氧化镁、氯化镁、柠檬酸亚铁、富马酸亚铁、硫酸亚铁、氯化亚铁、氯化亚铁、碳酸亚铁、氯化铜、碱式氯化铜、氧化铜、硫酸铜、碳酸铜、乙酸锌、氯化锌、氧化锌、硫酸锌、碳酸锌、硫酸锰、氯化锰、氧化锰、碘化钾、碘酸钾、碘酸钙、氯化钴、乙酸钴、硫酸钴、亚硒酸钠、钼酸钠、蛋氨酸铜络（螯）合物、蛋氨酸铁络（螯）合物、蛋氨酸锰络（螯）合物、蛋氨酸锌络（螯）合物、赖氨酸铜络（螯）合物、甘氨酸铁络（螯）合物、氨基酸铜络合物（氨基酸来源于水解植物蛋白）、氨基酸铁络合物（氨基酸来源于水解植物蛋白）、氨基酸锰络合物（氨基酸来源于水解植物蛋白）、氨基酸锌络合物（氨基酸来源于水解植物蛋白）、蛋白铜、蛋白铁、蛋白锌、蛋白锰	养殖动物
	酵母铜、酵母铁、酵母锰、酵母硒、烟酸铬、蛋氨酸硒、氨基酸螯合铬（氨基酸为L-赖氨酸和谷氨酸）	养殖动物（反刍动物除外）

（续表）

类别	通用名称	适用范围
维生素及类维生素	维生素A、维生素A乙酸酯、维生素A棕榈酸酯、β-胡萝卜素、盐酸硫胺（维生素B₁）、硝酸硫胺（维生素B₁）、核黄素（维生素B₂）、盐酸吡哆醇（维生素B₆）、氰钴胺（维生素B₁₂）、L-抗坏血酸（维生素C）、L-抗坏血酸钙、L-抗坏血酸钠、L-抗坏血酸-2-磷酸酯、L-抗坏血酸-6-棕榈酸酯、维生素D₂、维生素D₃、天然维生素E、dl-α-生育酚、dl-α-生育酚乙酸酯、亚硫酸氢钠甲萘醌（维生素K₃）、二甲基嘧啶醇亚硫酸甲萘醌、亚硫酸氢烟酰胺甲萘醌、烟酸、烟酰胺、D-泛酸钙、DL-泛酸钙、叶酸、D-生物素、氯化胆碱、肌醇、L-肉碱、L-肉碱盐酸盐、甜菜碱、甜菜碱盐酸盐	养殖动物
微生物	地衣芽孢杆菌、枯草芽孢杆菌、两歧双歧杆菌、粪肠球菌、屎肠球菌、乳酸肠球菌、嗜酸乳杆菌、干酪乳杆菌、德氏乳杆菌乳酸亚种、植物乳杆菌、乳酸片球菌、戊糖片球菌、产朊假丝酵母、酿酒酵母、沼泽红假单胞菌、婴儿双歧杆菌、长双歧双歧杆菌、短双歧杆菌、青春双歧杆菌、嗜热链球菌、罗伊氏乳杆菌、动物双歧杆菌、黑曲霉、米曲霉、迟缓芽孢杆菌、短小芽孢杆菌、纤维二糖乳杆菌、发酵乳杆菌、德氏乳杆菌保加利亚亚种	养殖动物
	凝结芽孢杆菌	肉鸡、生长育肥猪和水产养殖动物
	侧孢短芽孢杆菌	肉鸡、肉鸭、猪、虾

（续表）

类别	通用名称	适用范围
多糖和寡糖	低聚木糖（木寡糖）	鸡、水产养殖动物
	低聚壳聚糖	猪、鸡和水产养殖动物
	半乳甘露寡糖	猪、肉鸡、兔和水产养殖动物
	果寡糖、甘露寡糖、低聚半乳糖	养殖动物
	壳寡糖［寡聚 β-（1-4）-2-氨基-2-脱氧-D-葡萄糖］（$n=2\sim10$）	猪、鸡、肉鸭、虹鳟鱼
	β-1,3-D-葡聚糖（源自酿酒酵母）	水产养殖动物
氨基酸、氨基酸盐及其类似物	L-赖氨酸、液体 L-赖氨酸（L-赖氨酸含量不低于 50%）、L-赖氨酸盐酸盐、L-赖氨酸硫酸盐及其发酵副产物（产自谷氨酸棒杆菌、乳糖发酵短杆菌、L-赖氨酸含量不低于 51%）、DL-蛋氨酸、L-苏氨酸、L-色氨酸、L-精氨酸、L-精氨酸盐酸盐、甘氨酸、L-酪氨酸、L-丙氨酸、天（门）冬氨酸、L-亮氨酸、异亮氨酸、L-脯氨酸、苯丙氨酸、丝氨酸、L-半胱氨酸、L-组氨酸、谷氨酸、谷氨酰胺、缬氨酸、胱氨酸、牛磺酸	养殖动物
	蛋氨酸羟基类似物、蛋氨酸羟基类似物钙盐	猪、鸡、鸭、牛和水产养殖动物

（续表）

类别	通用名称	适用范围
酶制剂	淀粉酶（产自黑曲霉、解淀粉芽孢杆菌、地衣芽孢杆菌、枯草芽孢杆菌、长柄木霉、米曲霉、大麦芽、酸解支链淀粉芽孢杆菌）	青贮玉米、玉米、玉米蛋白粉、豆粕、小麦、次粉、大麦、高粱、燕麦、豌豆、木薯、小米、大米
	α-半乳糖苷酶（产自黑曲霉）	豆粕
	纤维素酶（产自长柄木霉、黑曲霉、孤独腐质霉、绳状青霉）	玉米、大麦、小麦、麦麸、黑麦、高粱
	β-葡聚糖酶（产自黑曲霉、枯草芽孢杆菌、长柄木霉、绳状青霉、解淀粉芽孢杆菌、棘孢曲霉）	小麦、大麦、菜籽粕、小麦副产物、去壳燕麦、黑麦、黑小麦、高粱
	葡萄糖氧化酶（产自特异青霉、黑曲霉）	葡萄糖
	脂肪酶（产自黑曲霉、米曲霉）	动物或植物源性油脂或脂肪
	麦芽糖酶（产自枯草芽孢杆菌）	麦芽糖
	β-甘露聚糖酶（产自迟缓芽孢杆菌、黑曲霉、长柄木霉）	玉米、豆粕、椰子粕

（续表）

类别	通用名称	适用范围
酶制剂	果胶酶（产自黑曲霉、碗孢曲霉）	玉米、小麦
	植酸酶（产自黑曲霉、米曲霉、长柄木霉、毕赤酵母）	玉米、豆粕等含有植酸的植物籽实及其加工副产品类饲料原料
	蛋白酶（产自黑曲霉、米曲霉、枯草芽孢杆菌、长柄木霉）	植物和动物蛋白
	角蛋白酶（产自地衣芽孢杆菌）	植物和动物蛋白
	木聚糖酶（产自米曲霉、孤独腐质霉、长柄木霉、枯草芽孢杆菌、绳状青霉、黑曲霉、毕赤酵母）	玉米、大麦、黑麦、小麦、高粱、黑小麦、燕麦
抗氧化剂	乙氧基喹啉、丁基羟基茴香醚（BHA）、二丁基羟基甲苯（BHT）、没食子酸丙酯、特丁基对苯二酚（TBHQ）、茶多酚、L-抗坏血酸-6-棕榈酸酯、L-抗坏血酸钠、维生素E、L-抗坏血酸	养殖动物
	姜黄素	淡水鱼类

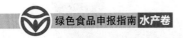

（续表）

类别	通用名称	适用范围
防腐剂、防霉剂和酸度调节剂	甲酸、甲酸铵、甲酸钙、乙酸、双乙酸钠、丙酸、丙酸钠、丙酸钙、丁酸、乳酸、山梨酸、山梨酸钠、山梨酸钾、富马酸、柠檬酸、柠檬酸钾、柠檬酸钠、柠檬酸钙、苹果酸、磷酸、柠檬酸氢钠、氯化钾、碳酸酸钠、碳酸氢钠	养殖动物
	亚硫酸钠	青贮饲料
黏结剂、抗结剂、抗结块剂、稳定剂和乳化剂	α-淀粉、三氧化二铝、可食脂肪酸钙盐、可食用脂肪酸单/双甘油酯、硅酸钙、硅酸铝酸钠、硫酸钙、硬脂酸钙、甘油脂肪酸酯、聚丙烯酸树脂Ⅱ、山梨醇酐单硬脂酸酯、丙二醇、二氧化硅（沉淀并经干燥的硅酸）、卵磷脂、海藻酸、钠、海藻酸钾、海藻酸铵、琼脂、瓜尔胶、阿拉伯树胶、黄原胶、甘露糖醇、木质素磺酸盐、羧甲基纤维素钠、聚丙烯酸钠、山梨醇酐脂肪酸酯、蔗糖脂肪、酸酯、焦磷酸二钠、单硬脂酸甘油酯、聚乙二醇400、磷脂、聚乙二醇、辛烯基琥珀酸淀粉钠、乙烯基纤维素、紫胶、羟丙基甲基纤维素	养殖动物
	丙三醇	猪、鸡和鱼

五、亲本选育及繁育

(一) 绿色食品水产品养殖品种基本条件

绿色食品水产品的优质养殖品种应具有以下条件：①生长快，群体产量高，能够稳产、高产。②食性及食谱范围广，饲料容易获得。③抗病能力强，对于疾病的抵抗力强。④对环境适应性强，对不同的养殖条件能较快适应。

绿色食品水产品亲本选育及繁育中的鱼类应符合《绿色食品 鱼》（NY/T 842）中的要求。应选择水产新品种审定委员会认定的水产品品种。从原良种场购买鱼苗，苗种应规格整齐、体色正常、体质健壮、活力强，经检疫合格。应选择健康的亲本，亲本的质量应符合国家或行业有关种质标准的规定。种质基地水源充足，无污染，进排水方便，养殖用水须沉淀、消毒，水质清新，整个育苗过程呈封闭式无病原带入；种苗培育过程中杜绝使用禁用药物；投喂营养平衡、质量安全的饵料。苗种无病无伤，体态正常、个体健壮、进行主要疫病检疫消毒后方可出场。

绿色食品水产品亲本选育及繁育中的虾类应符合《绿色食品 虾》（NY/T 840）中的要求。应选择健康的亲本，亲本的质量应符合国家或行业有关种质标准的规定。种苗培育过程中不使用禁用药物；投喂饲料符合《绿色食品 饲料及饲料添加剂使用准则》（NY/T 471）规定。种苗出场前，进行检疫消毒。

绿色食品水产品亲本选育及繁育中的蟹类应符合《绿色食品 蟹》（NY/T 841）中的要求。应选择健康的亲本，亲本的质量应符合国家或行业有关种质标准的规定。种质基地水源充足、无污染、进排水方便，用水须沉淀、消毒，水质清新，整个育苗过程呈封闭式，无病原带入；种苗培育过程中不应使用禁用药物；投喂营养平衡，质量安全的饵料。苗种无病无伤、体态正常、个体健康，进行

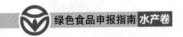

检疫消毒后方可出场。

绿色食品水产品亲本选育及繁育中的龟鳖类应符合《绿色食品 龟鳖类》（NY/T 1050）中的要求。亲本的质量应符合《中华鳖池塘养殖技术规范》（GB/T 26876）的规定。苗种繁育过程呈封闭式，繁育地应水源充足、无污染，进排水方便。养殖用水应符合《绿色食品 产地环境质量》（NY/T 391）的要求，并经沉淀和消毒。苗种培育过程不得使用禁用药物；投喂质量安全的饵料。苗种出场前须经检疫和消毒。

绿色食品水产品亲本选育及繁育中的海水贝类应符合《绿色食品 海水贝》（NY/T 1329）中的要求。选择健康的亲本，亲本的质量应符合国家或行业有关种质标准的规定。

（二）亲本培育

为保障优质种苗用于养殖生产，保障种苗质量，做好优质亲本的选择和强化培育是关键。

1. 鱼类亲本培育

亲本应选择年龄2冬龄以上，体质健壮、无病、无伤、无畸形。亲本平均个体重400克以上。雄鱼头部、鳃盖、胸鳍等处"追星"较多，体表抚摸粗糙，轻压腹部能挤出乳白色的精液；雌鱼腹部膨大，卵巢轮廓明显，压感松软。放养亲本前应做好清塘，培水7～10天后放养亲本；放养密度每亩放养500～1 000尾。亲本下塘前可用20～30克/米³聚维酮碘溶液（10%）浸浴15～20分钟。

因生殖腺发育的需要，应做好亲体营养的强化，饵料尽量选择优质干性配合饵料，同时搭配适当维生素E、维生素C等营养添加剂增强亲鱼体质，减少对冰鲜饵料等外源输入投入品的依赖。预防干性饵料霉变，打开包装的饵料要及时用完，未用完的要密封保存。环境调控方面特别需要注意水温、水质的调控，保障亲本生长环境的稳定性。亲本池的水质应保持"肥、活、嫩、爽"。鱼类亲本培育车间见图2-28。

图2-28　亲本培育车间

2. 虾蟹类亲本培育

进行培育前需对亲本培育池做好消毒工作，用含氯石灰（水产用，有效氯≥25.0%）以1.0～1.5克/米³水体的浓度全池泼洒消毒清塘，可采用池塘、稻田培育亲本，要求水源充足，排灌方便，池深1.2～1.5米，土质以黏壤土为宜，淤泥深10～15厘米。选取的虾蟹苗应肢体完整、活力强，体表及腹部无黑色污垢，个体均匀，放养规格为25～40千克/亩，雌雄比例（2～4）∶1，依据放养时间的不同可调整。

在投喂时注意保证虾蟹类苗种的营养需求，以专用配合颗粒饲料为主，同时要加强对饵料生物是否携带主要致病病原的检测；保障亲本培育水体温度，注意水质调节，每隔7～10天换新鲜水一次，每次换水10～15厘米（池深）。亲本投放后，每天下午拌饲维生素C和乳酸菌，连喂5～7天，再拌饲免疫多糖和乳酸菌5～7天，降低应激；8月底至9月下旬，使用1次硫酸锌粉，防治纤毛虫和细菌性疾病。虾类亲本培育车间见图2-29。

3. 贝类亲本培育

选择壳高在10厘米以上，个体体重在120克以上，性腺发育成熟度高，体质健壮的个体作为亲贝。亲

图2-29　斑节对虾家系培育车间

贝繁殖季节主要在春末和夏季；亲本应为充分成熟的个体，生殖腺饱满，充满整个体腔，覆盖肝胰腺，性腺指数在15%以上，生殖腺外观上为裂纹状。

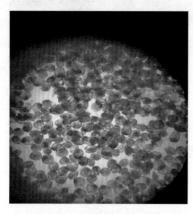

图2-30　双壳贝类幼苗

双壳贝类亲本饵料以鲜活单胞藻类为主，搭配代用饵料；腹足类亲本贝类以新鲜饵料为宜，投喂前须清洗干净，保证亲本营养充足均衡，控制亲本同步发育。早期和中期每天早晚2次倒池换水，换水量100%；晚期性腺发育成熟，减少换水次数或不换水，避免因换水刺激导致种贝产卵。双壳贝类幼苗见图2-30。

（三）苗种繁育

苗种的繁育是保障生产的重点，春季是大多数水产品种的繁育季节，及时掌握季节变化，合理安排生产非常重要。

1. 鱼类苗种繁育

诱导亲鱼性腺发育成熟自然产卵或利用激素诱导产卵。繁殖季节要注意天气变化，容易出现鱼卵冻死或发生水霉疾病等现象，须注意保温。鱼苗孵化时用水要经过70～80目的尼龙筛绢过滤。

注意饵料生物的营养强化，苗种培育过程中需要轮虫和卤虫无节幼体作为开口和前期饵料，在投喂之前必须对其进行营养强化，为苗种提供充分的营养物质，有助于提高育苗的成活率。注意饵料供给时间，因鱼苗具有趋光性可以训练定点投喂，遵循少量多次，注意观察鱼苗摄食情况。加强疾病的预防，在沉淀池中每提满一池水沉淀3天后施用次氯酸钠溶液（水产用）消毒，再引入育苗室和饵料室使用。池水用完后将池子清刷干净，重新提水消毒，达到预防疾病的目的。鱼类苗种繁育车间见图2-31。

图2-31　鲟鱼苗种繁育车间

2. 虾蟹类苗种繁育

在亲虾蟹放养前7天，施用经发酵熟化的有机肥或使用生物肥料。发酵时加入1%～2%肥料量的生石灰作消毒处理，施肥量为1 500千克/公顷。抱卵虾蟹应选择卵粒绿色或橘黄色且颜色一致的个体。同批卵粒颜色相近的个体养殖在同一池中。幼苗孵出后可采用豆浆肥水育苗法，每公顷每天用22.5～37.5千克黄豆磨浆，纱布过滤，去渣后全池泼洒。一天泼浆2～3次，每次间隔时间为5～6小时。虾蟹苗成长后，根据具体时期，选择投喂生物饵料。

做好生物藻类、轮虫等虾蟹苗种生物饵料的保存工作，保证养殖水源洁净，注意水质透明度。每天至少2次（清晨和傍晚）检测水体的溶解氧、pH值、氨氮、亚硝氮、硫化物等指标，及时调控水质。蟹苗见图2-32。

图2-32　蟹苗

3. 贝类苗种繁育

在幼苗出膜前不投喂饵料，每天注入10厘米（池深）新鲜过滤海水，24小时连续充气以保证育苗水体溶氧充足。幼苗出膜后及时加入金藻作为开口饵料，随着幼苗的生长，在投喂金藻的同时增加小球藻（图2-33）和小硅藻，投喂密度提高至4万～8万个/毫

图2-33 小球藻液

升。每天上午、下午各换水1次，幼苗刚出膜时每次用300目网箱换水30%，随着幼苗生长和温度升高，改用200目网箱，加大换水比例至50%。

当有幼苗伸足时，表明其将进行变态发育，可将每个池子的幼苗放入2～3个铺沙的池中进行培育，改投以角毛藻、青岛大扁藻等为主的饵料。再长大可投喂四级饵料，投喂时用300目网袋过滤，并做好原生动物检测工作。每天上午、下午用150目网箱各换水1次，每次换水60%。待幼苗全部附底后，可不用网箱直接换水。要做好养殖水体和养殖设施的消毒以及病害防控工作，保证饵料和苗种的充足供应。同时给不同发育期的幼虫投喂适口饵料，保证其生长发育所需营养。

（四）苗种培育管理

（1）及时规划苗种生产计划。按照苗种需求订单制定生产计划，不要盲目扩大或缩减苗种生产数量，保障苗种供给，选取健康优质、无疾病的苗种。

（2）精心培育。苗种培育过程中，制定适宜的培育密度、精准的饵料投喂策略，根据苗种各个阶段所需的营养特性合理搭配饵料投喂，适时、适量换水，及时调控水质，可添加微生态制剂调控水环境，促进苗种健康生长，提高苗种成活率。

（3）严格防控疫病发生。做好育苗场工作人员的安全检测工作，进出车间需消毒，不将病原带入育苗系统。对于育苗期间使用的工具也应进行统一消毒处理。

六、养殖管理

（一）鱼类养殖管理

1. 苗种投放

水温5～8℃，平均气温5～10℃是大部分鱼类苗种销售、投放的合适时期。应提前2周做好放苗准备，例如晒塘（图2-34）、消毒、进水、培藻等，保持水质一定肥度，有利于提高存活率。苗种销售前5～7天，应显微镜检查鳃部是否有斜管虫、固着纤毛虫等寄生。

图2-34　晒塘后

2. 鱼种的捕捞、运输和投放

操作仔细、减少外伤是提高成活率的基本保障。根据水温和运距，调整运输密度和供氧量，保证运输中供氧充分。苗种下塘前，用5%的食盐水浸泡5～20分钟。下塘后，全池泼洒抗应激产品，第三天和第五天可以用碘制剂或氯制剂全池泼洒消毒一次。

3. 底质改良和水质调控

架设增氧机（图2-35），适时增氧，增加上下层水互换，避免底部缺氧、水质恶化。随着春季水温不断上升，要逐步重视老塘的底质改良。使用氧化型底改产品（10～15天一次），晴天中午开增氧机（2～4小时/次），释放底质营养素，培养优质水质和

图2-35　合理使用增氧机

水色。

4. 投喂管理

水温上升时鱼的摄食、消化能力提高，生长速度开始加快，及时调整好投喂量，做到定时、定量、定质、定位投喂。宜选择人工配合饲料，尽量少用或者不用冰鲜杂鱼，控制好养殖成本，提高养殖成活率。

（二）虾蟹类养殖管理

1. 苗种的选择和放养

选择虾蟹苗（图2-36）时，尽量选择经选育的优质苗种。对

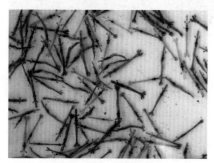

每批虾蟹苗进行主要病原检测，保证虾蟹苗的各项生存技术指标能够达到规定要求。在虾蟹苗放养之前，需要将盛装虾蟹苗的袋子放在养殖水体中15分钟左右，降低虾蟹苗的应激反应。控制不同养殖系统放苗密度，避免发生因密度胁迫引发的疾病。

图2-36 挑选活力较好的虾苗

2. 饲养管理

饲料投喂需要掌握两个原则。一方面，应对饵料的投喂数量进行合理选择，保证饵料投喂能够达到虾蟹类的生长需要。另一方面，应对饵料投喂的时间进行合理选择，保证饵料投喂的时间能够符合不同品种及各个生长阶段虾蟹类的进食习惯，避免饵料浪费，减少过量的饵料对池塘水质的影响。

3. 水质监测和调控

可以通过固定频次的水质监测，及时掌握池塘中水质变化情况，并通过换水、减少养料投放等措施，对池塘水质进行有效调

节。同时，还要根据春季的水温特点，掌握水温变化规律，在水温发生变化时，采取维持必要水位等措施避免水温骤变，减少水温变化对虾蟹类的影响。根据养殖水体的溶氧含量，及时调节池塘供氧量。图2-37为浮漂式水质监测仪。

图2-37 浮漂式水质监测仪

（三）贝类养殖管理

1.养殖海区的选择

一般选择风平浪静、潮流通畅的滩涂。滩面要平坦广阔、略有倾斜，大小潮水都能淹没和干露，虾池、潮沟等沙泥底质的地方均可作为养成场所。滩涂贝类养成场所的底质以沙泥质为主，沙的含量应在60%以上。

2.苗种选择

可以选择天然苗，也可以选择人工培育苗。如果采捕天然苗，则在贝类繁殖产卵季节，采捕自然附着在海区滩涂上的天然苗种，集中暂养培育或运输到其他滩涂上放养。如采用人工育苗，则亲贝选择、促熟蓄养、诱导排放精卵、授精、幼虫培育及采苗均在室内，而且是在人工控制下进行苗种培育。

3.播 种

贝类种苗的播养方式有两种：一种是水播，当海水涨满潮时将苗种撒入水中，这种播苗方式种苗的成活率比较高，缺点是因潮流或风等因素影响，使苗种不容易播撒均匀；另一种方法是干播，即在滩面露出时将苗种均匀地撒在滩面上，一般选择大潮水早晚退潮时进行，但应注意苗种在滩面上干露的时间不宜过长。播种数量和密度要考虑到水域中的饵料和滩涂的质地结构，以及其他贝类的资源量。同时，还应根据苗种大小和放养面积而定。一般情况下，水中饵料生物丰富，质地又疏松，可适当多播苗；反之，则少播苗。大规格的苗种可多播；小规格的苗种可少播。低潮区播养密度可大一些；中高潮区则密度小一些。

4. 养殖管理

在滩涂贝类的养殖过程中（图2-38），要进行日常技术方面的管理，包括定期测定温度、盐度，定期取样观察和测量贝壳的壳长、壳高、壳宽和体重，做好生产记录和用药记录，经常巡视养殖区域，注意堤坝、围埂和围网的防漏。

图 2-38　贝类养殖

（四）刺参养殖管理

1. 参池水质调控

池塘融冰后要及早地排出表层盐度较低的冰水，保持池塘高水位，以维持池塘水温的稳定性。随着开春水温升高，可适当调低水位，充分利用光照，尽快提高池塘水温，促进单胞藻和底栖硅藻的生长繁殖，但要注意随时关注天气变化，及时提升池塘水位，尽量避免"倒春寒"现象造成水温不稳定。

2. 参池底质改良

提前做好参池杀菌改底护理工作，防止刺参疾病的发生。要对池塘进行全面的消毒杀菌和改底处理工作，防止刺参出现吐肠（图2-39）、肿嘴的病症。开春时，可使用聚维酮碘溶液（水产用）对水体进行立体消毒，有效防止肿嘴化皮的现象，同时选择使用氧化型底改，可显著改善池底黑泥，释放氧气。此外，定期施用微生态制剂也可有效地解决刺参池塘水质、底质的富营养化，从根本上抑制青苔大量繁殖的营养基础，避免青苔的暴发给刺参养殖带来的危害，但应注意微生态制剂不可与消毒剂同时施用。

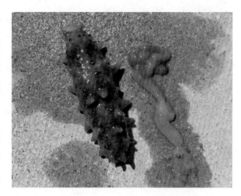

图2-39　海参吐肠

3. 饲料投喂

春季化冰后，整个水体处于低温状态，池底天然饵料少，不足以满足刺参的摄食量（尤其是刺参存塘量大的塘口），急需前期的饵料补充。发酵的饵料诱食效果好，消化吸收率高，能够有效地提升海参产量。

（五）绿色食品水产品养殖管理相关规定

绿色食品水产品应在其后2/3的养殖周期内采用绿色食品标准要求的养殖方式。

绿色食品水产品中鱼类的养殖管理方法应符合《绿色食品 鱼》（NY/T 842）中的要求。养殖模式应采用健康养殖、生态养殖方式。养殖用水应循环使用，不对外排放，不占用公共资源。养殖过程遵循水产养殖质量安全管理规范规定。水产养殖用药应按照《中华人民共和国渔业法》《兽药管理条例》等国家法律法规和《绿色食品　渔药使用准则》（NY/T 755）等标准执行。

绿色食品水产品中虾类的养殖管理方法应符合《绿色食品 虾》（NY/T 840）中的要求。养殖模式应采用健康养殖、生态养殖方式，符合《水产养殖质量安全管理规定》（中华人民共和国农业部令2003年第31号）；渔药使用应符合《绿色食品　渔药使用准则》（NY/T 755）和国家的有关规定。

绿色食品水产品中蟹类的养殖管理方法应符合《绿色食品　蟹》（NY/T 841）中的要求。养殖模式应符合《水产养殖质量安全管理规定》（中华人民共和国农业部令第31号）的要求；饲料及饲料添加剂应符合《饲料卫生标准》（GB 13078）与《绿色食品　饲料及饲料添加剂使用准则》（NY/T 471）的规定；养殖用水应符合《绿色食品　产地环境质量》（NY/T 391）的规定；渔药使用应符合《绿色食品　渔药使用准则》（NY/T 755）的规定。

绿色食品水产品中龟鳖类的养殖管理方法应符合《绿色食品　龟鳖类》（NY/T 1050）中的要求。养殖模式应采用健康养殖、生态养殖方式；饲料及饲料添加剂的使用应符合《绿色食品　饲料及饲料添加剂使用准则》（NY/T 471）的要求；渔药使用应符合《绿色食品　渔药使用准则》（NY/T 755）的要求。

绿色食品水产品海水贝类的养殖管理方法应符合《绿色食品　海水贝》（NY/T 1329）中的要求。滩涂养殖，应潮流畅通、流速缓慢、受风暴影响较小。水温8～30℃。养殖品种按滩涂底质进行合理选择。例如，养殖对象为文蛤，其底质宜为砂泥质；养殖对象为泥蚶、缢蛏，其底质宜为泥质；养殖对象为青蛤，其底质宜为砂泥质或硬泥质。露天池塘养殖，池塘整理后新塘暴晒、老塘清淤，渔用消毒剂应符合《绿色食品　渔药使用准则》（NY/T 755）的规定。室内工厂化池塘养殖的，池塘整理后清淤，渔用消毒剂应符合《绿色食品　渔药使用准则》（NY/T 755）的规定。海水养殖的海水贝应放入净化池或暂养处理，以降低其寄生虫、有害微生物、农药、兽药、毒素、沙质等的含量。净化池或暂养处理的设计、选址、用水和管理应符合《贝类净化技术规范》（SC/T 3013）的规定。

绿色食品水产品蛙类的养殖管理方法应符合《绿色食品　蛙类及其制品》（NY/T 1516）中的要求。养殖模式应采用健康养殖、生态养殖方式，确定合适的养殖密度；饲料及饲料添加剂的使用应按《绿色食品　饲料及饲料添加剂使用准则》（NY/T 471）的规定执行；渔药使用应按《绿色食品　渔药使用准则》（NY/T 755）的规定执行。

七、污染物处理

（一）养殖废水处理方法

当前养殖废水的处理技术共有3种，分别为物理、化学和生物，其中生物处理技术有效果好、污染小、成本低等优势，应用广泛。

1. 物理技术

在水产养殖废水的处理中，物理技术指的是去除废水中的悬浮物，从而达到降低需氧量的目的。物理技术主要有泡沫分离法和机械过滤法。

泡沫分离法，亦称泡膜分离法、蛋白分离法。污水中由机械鼓气形成上升的气泡，水中具表面活性的有机物及其他物质富集于气泡的气—液界面膜中，气泡破裂后形成的泡沫含高出污水浓度数十至数千倍的有机物，从而去除水中有机物、悬浮物等。相应装置主要是由泡沫形成器与泡沫接受器组成泡沫分离设备（图2-40）。

机械过滤法是通过滤

图 2-40　泡沫分离设备

网直接拦截微粒，需要经常反冲洗拦网，保障过滤效果。

2. 化学技术

水产养殖废水中的化学处理技术主要有氧化法。氧化法指的是使用氧化剂来分解水中降解的有机污染物，常使用的氧化剂有臭氧（图2-41）、过氧化氢等。臭氧在污水处理中可以降解难降解的大分子及有机物，使难以生物降解的有机物和"三致"（致突变、致癌、至畸）物质降解，提高污水的可生化性，并且可以脱色、除味，去除污水中的色、嗅、味和酚氯等污染物，增加水中的溶解氧，改善水质。

图2-41 臭氧发生器

3. 生物技术

生物技术在水产养殖废水的处理当中较为常见，有生物滤池法、生态处理法和人工湿地法3种类型。以下主要介绍生物滤池以及人工湿地两种常见方法。

生物滤池（图2-42）是常见的生物膜法处理技术，具有抗冲击负荷能力强、无污泥膨胀、处理效果稳定等特点。目前最常用的生物滤池包括曝气生物滤池、滴滤池、生物转盘及硝化反硝化滤池等。

图2-42 生物滤池

人工湿地（图2-43）具有稳定的去污能力，对废水中的氮、磷、有机物和悬浮物等都具有优良的去除效果，而且具有投入低、运行维护简单、能耗少等特点，在城市生活污水、工业和农业废水处理方面都有很好的应用。近年来，在水产养殖废水处理方面也不断取得突破。循环水产养殖系统中，人工湿地往往是作为废水排入环境的末端处理单元，其利用土壤、人工介质、植物及微生物的物理、化学、生物三重协同作用，对养殖过程中排放的废水和产生的固态废弃物进行高效处理。构造复合人工湿地来提供不同的氧化还原环境，促进硝化和反硝化的进行，能有效提高净化污水的效果。在硝化功能上，有研究发现复合垂直流人工湿地对总氮、氨氮的去除率均高于水平潜流人工湿地。

图2-43　人工湿地

（二）养殖场废弃物及有害物处理

1. 固体废弃物

养殖期间产生的固体废弃物包括残余饵料、鱼类代谢副产品、粪便等，这些固体废弃物会以污泥的形式在清塘时排出，其主要的处理方式为堆肥和厌氧消化，能够达到良好的减量化和稳定化的目的。堆肥能以较为经济、生态的方式，将水产养殖期间产生的粪便等固体废弃物转化为稳定的腐殖质，将有潜在威胁的有机固体废弃物转变成有高附加值的产品，如植物营养剂和土壤调节剂。厌氧消化是一种相对较新的水产养殖污泥处理方式，主要工艺有湿式混合厌氧消化、两相厌氧消化及厌氧干发酵等。厌氧消化是一种相对简单有效的生物处理法。在厌氧条件下，通过兼性厌氧菌和专性厌氧菌降解污泥中的有机物，最终产物为甲烷、二氧化碳以及少量的硫化氢和氨气。此外，氮和磷等营养物质在厌氧消化期间，会从含氮或含磷的有机物中释放出来，为从沼液中回收提供了可能性。

2. 有害物

过期渔药、废弃渔药和使用过的疫苗瓶、药瓶等属于有害物，应进行统一收集，采取高温消毒灭菌等措施进行无害化处理。

3. 死亡水产品

泛塘引起的突发性死亡，用药不当导致的死亡，以及由疾病、中毒或操作不当引起的死亡，水产品均要进行无害化处理。发现死亡的水产品应及时打捞。

无害化处理按《病死及病害动物无害化处理技术规范》（农医发〔2017〕25号）执行，选用合适处理方法进行无害化处理，一般推荐选择深埋法处理。

图2-44　打捞并掩埋死鱼

掩埋处理：掩埋时先在坑底铺垫2厘米厚生石灰，放入水产品后再撒一层生石灰，最后用土填平，土层厚度不低于0.5米。掩埋后应设立标识（图2-44）。

焚烧处理：在发生严重传染性疾病后，必须采取焚烧处理的方法，以免对环境产生严重污染。烧毁碳化处理后还要进行掩埋工作。

八、储藏、运输、初加工及包装

绿色食品水产品的储藏及运输应符合《绿色食品　储藏运输准则》（NY/T 1056）的要求。

（一）绿色食品水产品的储藏

储藏设施：储藏设施的设计、建造、建筑材料等应符合《食品安全国家标准　食品生产通用卫生规范》（GB 14881）的规定。应建立储藏设施管理制度。设施及其四周要定期扫和消毒，优先使用物理方法对储藏设备及使用工具进行消毒，如使用消毒剂，应符合《绿色食品　农药使用准则》（NY/T 393）、《绿色食品兽药使用准则（NY/T 472）》和《绿色食品　渔药使用准则》（NY/T 755）等规定。

码放：按不同绿色食品的种类选择相应的储藏设施存放，存放产品应整齐，储存应离地离墙。码放方式应保证绿色食品的质量和外形不受影响。不应与非绿色食品混放。不应和有毒、有害、有异味、易污染物品同库存放。产品批次应清楚，不应超期积压，并及时剔除过期变质的产品。

储藏条件：应根据相应绿色食品的属性确定环境温度、湿度、光照和通风等储藏要求。需预冷的产品应及时预冷，并应在推荐的温度下预冷；需冷藏或冷冻的产品应保证其中心温度尽快降至所需温度。鲜活水产品应按照要求的降温速率实施梯度降温。应优先使用物理的保质保鲜技术。在物理方法和措施不能满足需要时，可使用药剂，其剂量和使用方法应符合《绿色食品　农药使用准则》（NY/T 393）和《绿色食品　渔药使用准则》（NY/T 755）等

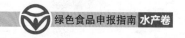
规定。

储藏管理：应设专人管理，定期检查储藏情况，定期清理、消毒和通风换气，保持洁净卫生。工作人员要进行定期培训和考核，绿色食品的相关工作人员应持有效的健康证上岗。应建立储藏设施管理记录程序，保留所有搬运设备、储藏设施和容器的使用登记表或核查表。应保留储存电子档案记录，记载出入库产品的地区、日期、种类、等级、批次、数量、质量、包装情况及运输方式等，确保可追溯、可查询。相关档案应保留3年以上。

（二）绿色食品水产品的运输

运输工具：运输工具应专用（图2-45）。运输工具在装入绿色食品之前应清理干净，必要时进行灭菌消毒。工具的铺垫物、遮盖物等应清洁、无毒、无害。冷链物流运输工具应具备自动温度记录和监控设备。

图2-45　鲜活水产品运输车内部

运输条件：应根据绿色食品的类型、特性、运输季节、运输距离以及产品保质储藏的要求选择不同的运输工具。运输过程中须控温的，应采取控温措施并实时监控，相邻温度监控记录时间间隔不宜超过10分钟。冷藏食品在装卸货及运输过程中的温度波动范围应不超过2℃。冷冻食品在装卸货及运输过程中温度上升不应超过2℃。

运输管理：绿色食品与非绿色食品运输时应严格分开，性质相反或风味交叉影响的绿色食品不应混装在同一运输工具中。装运前应进行绿色食品出库检查，在食品、标签与单据三者相符的情况下方可装运。运输包装应符合《绿色食品　包装通用准则》（NY/T 658）的规定。运输过程中应轻装、轻卸，防止挤压、剧烈震动和日晒雨淋。应保留运输电子档案记录，记载运输产品的地区、日期、种类、等级、批次、数量、质量、包装情况及运输方式等，确保可追溯、可查询。相关档案应保留3年以上。

（三）绿色食品水产品的初加工

1. 水产品加工厂

水产品加工厂（图2-46）是水产品生产、加工和经营的活动中心，厂址应选择远离污染源之地，保证加工的水产品符合食用农产品的要求。同时要求加工厂位于养殖基地中心或附近地带，便于捕捞后及时集中加工；建厂时也应综合考虑交通、生活、通信的便利，以便于产品、物料和信息的流通，提高效率，生产出品质稳定的合格产品，获取好的经济效益。

图2-46　水产品加工厂

我国生产的水产品种类众多，鱼类、虾类、贝类、蟹类、龟鳖类等的加工工艺多种多样，对加工厂的总体要求各异。水产品加工厂应包括制冰厂、水产品冷库、冷链物流等部分。水产品加工厂由加工区、办公区、生活区组成，应合理布局各个功能区，加工区应与办公区和生活区隔离；加工区厂房按水产品加工工艺要求进行布局，厂区宽阔平坦，有良好的排水系统，保证雨天不积水；厂区道路设置合理，应保证物资、鲜活水产品和加工产品的流畅运输；道路必须硬化，减少灰尘、泥土对产品的污染，厂区空地进行绿化。

图 2-47　水产品加工厂内部

根据养殖面积和水产品的供应量设计加工厂的规模，依据投资额度来决定加工厂的建造方案，厂房、设备和辅助设施必须完善并符合卫生要求。水产品加工厂的规划通常按加工的水产品种类、生产规模和投资额度进行编制（图2-47）。

2. 各类水产品加工工艺

鲜活出售的绿色食品水产品应存储于清洁的库房中，防止虫害和有害物质的污染及其他损害，暂养水体应符合《绿色食品 产地环境质量》（NY/T 391）的规定。

水产品经过物理、化学或生物的方法加工（如加热、盐渍、脱水等），制成以水产品为主要特征配料的产品，包括水产罐头、预包装加工的方便水产食品、冷冻水产品、鱼糜制品、鱼粉或用作动物饲料的副产品等。

冷藏水产制品，加工车间应有降温措施，应尽快将加工后的水产制品移至冷藏环境中，冷藏室中应配备温度指示计。

冷冻水产制品，根据水产制品的自然状态如厚度、形状、生产量等特性确定冻结时间和冻结温度，确保尽快地通过最大冰晶生成带。对生食海产品应保证充足的冷处理，以确保杀死对人体有害的寄生虫。产品经冷冻后进行包装时，包装操作应在温度可控的环境中进行，保证冷冻制品中心温度低于-18℃。

干制水产制品，干燥过程应做好防虫、防尘处理。干制品应严格控制干燥时间、干燥温度、环境湿度，以确保干制品的水分活度在安全范围内。

腌制水产制品，腌制品生产应采用适当盐度，防止非嗜盐菌的繁殖。应配备防止蚊蝇虫害侵染的装置。

3. 鱼类水产品的运输储藏及初加工

鱼类水产品的储藏运输应符合《绿色食品　储藏运输准则》（NY/T 1056）的有关规定。暂养和运输水应符合《绿色食品　产地环境质量》（NY/T 391）的要求。

鱼类水产品的包装应符合《绿色食品　包装通用准则》（NY/T 658）的要求。活鱼可用环保材料桶、箱、袋充氧等保活设施（图2-48）；鲜鱼应装于无毒、无味、便于冲洗的鱼箱或保温鱼箱中，确保鱼的鲜度及鱼体的完好。在鱼箱中须放足量的碎冰，让水体温度维持在0～4℃。

图2-48　氧气打包带运输鱼类

鱼类水产品初加工：海上捕捞鱼按《船上渔获物加冰保鲜操作技术规程》（SC/T 3002）的规定执行；加工企业的质量管理按《水产品加工质量管理规范》（SC/T 3009）的规定执行。加工用水按《绿色食品　产地环境质量》（NY/T 391）的规定执行。

4. 虾类水产品的储藏运输及初加工

虾类水产品的储藏运输应符合《绿色食品　储藏运输准则》（NY/T 1056）的有关规定。渔船应符合《渔船设施卫生基本条件》（SC/T 8139）的有关规定。活虾运输要有暂养、保活设施，应做到快装、快运、快卸，用水清洁、卫生；鲜虾用冷藏或保温车船运输，保持虾体温度在0～4℃，所有虾产品的运输工具应清洁、卫生，运输中防止日晒、虫害、有害物质的污染和其他损害。

图2-49 冻虾

活虾储存中应保证所需氧气充足；鲜虾应储存于清洁库房，防止虫害和有害物质的污染及其他损害，储存时应保持虾体温度在0～4℃。冻虾（图2-49）应储存在-18℃以下，满足保持良好品质的条件。

虾类水产品的包装应按《绿色食品 包装通用准则》（NY/T 658）、《包装储运图示标志》（GB/T 191）等执行；活虾应有充氧和保活设施，鲜虾应装于无毒、无味、便于冲洗的容器中，确保虾的鲜度及虾体完好。

虾类水产品的初加工应符合《绿色食品 虾》（NY/T 840）中的加工要求。原料虾应符合绿色食品要求，加工过程应符合《食品安全国家标准 动物性水产制品》（GB 10136）、《食品安全国家标准 水产制品生产卫生规范》（GB 20941）的规定，加工企业的质量管理应符合《水产品加工质量管理规范》（SC/T 3009）的规定。

5. 蟹类水产品的储藏运输及初加工

蟹类水产品的储藏运输应符合《绿色食品 储藏运输准则》（NY/T 1056）的有关规定。活蟹应在低温清洁的环境中装运，保证鲜活。运输工具在装货前应清洗、消毒，做到洁净、无毒、无异味。运输过程中，防止温度剧变、挤压、剧烈震动，不应与有害物质混运，严防运输污染。活体出售，应储存于洁净的环境中，也可在暂养池暂养，防止有毒有害物质的污染和损害，暂养水应符合《绿色食品 产地环境质量》（NY/T 391）的规定。初加工冻品应在活体状态下清洗（宰杀或去壳）后冷冻（图2-50），储存在-18℃或更低的温度下，不应与有毒、有害、有异味物品同库储存。

蟹类水产品的包装应符合《绿色食品　包装通用准则》（NY/T 658）的规定。

图2-50　冷冻处理的蟹类

6. 龟鳖类水产品的储存运输及初加工

龟鳖类水产品的包装应符合《绿色食品　包装通用准则》（NY/T 658）的规定。包装容器应具有良好的排水、透气条件，箱内垫充物应清洗消毒、无污染。

龟鳖类水产品的储藏运输应符合《绿色食品　储藏运输准则》（NY/T 1056）的规定。活的龟鳖运输应用冷藏车或其他有降温装置的运输设备。运输途中，应有专人管理，随时检查运输包装情况，观察温度和水草（垫充物）的湿润程度，以保持龟鳖皮肤湿润。淋水的水质应符合《绿色食品　产地环境质量》（NY/T 391）的规定。活的龟鳖可在洁净、无毒、无异味的水泥池、水族箱等水体中暂养，暂养用水应符合《绿色食品　产地环境质量》（NY/T 391）的规定。储运过程中应严防蚊子叮咬、暴晒。

7. 海水贝类水产品的储存运输及初加工

海水贝类水产品的初加工应符合《绿色食品　海水贝》（NY/T 1329）的规定。净养后的海水贝应冷却至0℃左右，尽快运至加工场所，脱壳后经冷冻制得生制冻品（图2-51）；热脱壳后经冷冻制得熟制冻品。加工企业应符合《食品安全国家标准　水产制品生产卫生规范》（GB 20941）的规定。

海水贝类水产品的包装应符合《绿色食品　包装通用准则》

图 2-51　脱壳后的贝类

（NY/T 658）、《包装储运图示标志》（GB/T 191）等规定。

海水贝类水产品鲜活品的运输和储存应符合《绿色食品　储藏运输准则》（NY/T 1056）规定。应使用卫生并具有防雨、防晒、防尘设施的专用冷藏车船运输，温度为-4～0℃；储存于-4～0℃的冷藏库内。冻品的运输和储存应符合《绿色食品　储藏运输准则》（NY/T 1056）规定。应使用卫生并具有防雨、防晒、防尘设施的专用冷冻车船运输，温度为-18℃以下；储存于-18℃以下的冷冻库内。

（四）绿色食品水产品的包装

绿色食品水产品应有专用包装场所，配备包装操作台、电子秤等。包装场所应清洁卫生，包装材料仓库应独立设置，宜与包装车间相连接。

应使用具有防潮、无异味的食品级的包装材料，包括纸板、聚乙烯（PE）、内衬纸料等。

同一最小包装单位内，应为同一等级、同一规格、同一品种的产品。

绿色食品水产品销售包装层数只能是3层及3层以下，包装空隙率≤45%，并应符合《限制商品过度包装要求　食品和化妆品》（GB 23350）中"其他食品"的规定。各包装容器应外观平整、无皱纹、封口良好。不得有异味、裂纹和复合层分离。各种铝、铁、锡、玻璃、陶、瓷罐内壁应光滑、清洁。各种盒、罐内应有内衬的食品包装。纸袋、纸罐、内衬纸、塑料袋、塑料罐、内衬塑料薄膜、铝罐、铁罐、锡罐、玻璃罐、陶罐、瓷罐等包装容器和材料的卫生指标应符合对应标准的规定。

绿色食品水产品销售包装标签标识至少应包括产地〔省（区、市），可以标注县〕、产品名称、配料表、产品标准号、食品生产许可证编号、质量等级、净含量和规格、生产日期、保质期、储存方法、生产单位、地址、电话等，并应符合《食品安全国家标准 预包装食品标签通则》（GB 7718）的规定。获得绿色食品标志使用权的水产品企业，在包装上标识标注内容应字迹清晰、完整、准确，且不易褪色。

绿色食品水产品销售包装应符合《绿色食品 包装通用准则》（NY/T 658）的规定，包装的使用应实行减量化，包装的体积和重量应限制在最低水平。宜使用可重复使用、可回收利用或生物降解的环保包装材料、容器及其辅助物。不应使用含有邻苯二甲酸酯、丙烯腈和双酚A类物质的包装材料，不应使用含氟氯烃（CFS）的发泡聚苯乙烯（EPS）、聚氨酯（PUR）等产品作为包装物。包装上印刷的油墨或贴标签的黏合剂不应对人体和环境造成危害，且不应直接接触绿色食品。包装上应印有绿色食品商标标志，其印刷图案与文字内容应符合最新版《中国绿色食品商标标志设计使用规范手册》的规定。

九、捕　捞

除了海水、淡水养殖，捕捞也是获取水产品的一种途径。占地球表面积约2/3的海洋历来是捕捞的主要场所，世界海洋捕捞产量一般占总渔获量的90%左右，内陆水域捕捞量占10%左右。海洋捕捞可分为沿岸、近海和远洋（包括外海）作业。沿岸、近海水域水生动物资源丰富，单位渔获量较高；远洋捕捞离基地远，捕捞设备和技术要求较高，资源密度较小，生产成本较高。因此，世界各国的捕捞量主要来自沿岸和近海。

1. 淡水捕捞和海洋捕捞

按照水域性质的不同，分为淡水捕捞和海洋捕捞。

淡水捕捞是指在内陆淡水水域采捕水生动物的生产活动。内陆水域捕捞以江河、湖泊、水库等水域中自然生长和人工放养的水生动物为对象，由于水域和捕捞规模较小，多使用种类繁多的小型渔具生产（图2-52）。

图 2-52　渔民在水库捕鱼

海洋捕捞是指在海洋中对各种天然水生动植物的捕捞活动，包括各种鱼、虾、蟹、贝、珍珠、藻类等。海洋捕捞业的发展，带动了造船、渔业机械、渔具材料、水产品加工、冷冻等相关工业的发展和渔港建设。我国沿海已建成大型渔业基地10余处，中小型渔港百余处，渔港多具备船舶修造、冷藏、水产品加工、运输、供油等设备。海洋捕捞按作业范围又可分为：①沿岸捕捞（图2-53），习惯称"近海渔业"。其生产范围主要在沿岸或距离陆地较近的浅海水域。渔船一般吨位较小，在海上生产时间较短，有的作业若干天，有的早出晚归。②外海捕捞，习惯称"外海渔业"。其生产范围离岸较远，一般在水深200米大陆架范围内，渔船装备较齐全，在海上可连续生产0.5～1个月。③远洋捕捞，习惯称"远洋渔业"。其中一种是远离本国大陆架，在太平洋、大西洋、印度洋等水域从事大洋性作业。多由大型加工母船和若干捕捞渔船组成的船队，或是带有水产品加工、冷冻设备的大型渔船进行生产。另一种是以别的国家陆地作为基地进行生产。

　　绿色食品水产品的海洋捕捞应符合《绿色食品　海洋捕捞水产品生产管理规范》（NY/T 1891）的规定。渔船应向相关部门申请登记，取得船舶技术证书，方可从事渔业捕捞。捕捞应经主管机关批准并领取渔业捕捞许可证，在许可的捕捞区域进行作业。

图2-53　沿岸捕捞

2. 捕捞工具

　　渔船和渔具是主要的捕捞工具。渔船既有5吨以下的小船，也有1万吨左右的大型船；按作业种类分有捕捞作业船、加工母船和运输船等。现代化的大型捕捞作业渔船一般都配备比较齐全的捕捞机械以及雷达、定位仪、卫星导航仪、鱼群探测仪等导航和助渔设备（图2-54）。绿色食品水产品使用渔船的卫生要求：渔船生产用水及制冰用水应符合《生活饮用水卫生标准》（GB 5749）的规定；使用的海水应为清洁海水，

图2-54　捕捞渔船

经充分消毒后使用，并定期检测；冰的制造、破碎、运输、储存应在符合要求的卫生条件下进行。

绿色食品水产品的捕捞渔船设施应满足下列要求：存放及加工捕捞水产品的区域应与机房和人员住处有效隔离并确保不受污染。加工设施应不生锈、不发霉，其设计应确保融冰水不污染捕捞水产品。存放水产品的容器应由无毒害、防腐蚀的材料制作，并易于清洗和消毒，使用前后应彻底清洗和消毒。与渔获物接触的任何表面应无毒、易清洁，并与渔获物、消毒剂、清洁剂不起化学反应。饮用水与非饮用水管线应有明显的识别标志，避免交叉污染。配备温度记录装置，并应安装在温度最高的地方。塑料鱼箱的要求应符合《塑料鱼箱》（SC 5010）的规定。

生活设施和卫生设施应保持清洁卫生，卫生间应配备洗手消毒设施。

使用的渔具有拖网、围网、刺网、张网、地拉网、敷网、抄网、钓具、耙刺、笼壶等12类。其中拖网、围网、刺网、张网4类的产量占海洋渔获量的90%以上。拖网适用于底形平坦的海洋渔场和内陆水域，主要捕捞底层鱼群，中层鱼群也可捕捞，产量占总捕捞量的40%左右（图2-55）。围网是捕捞集群性的中上层鱼类的有效工具，既可捕捞自然集群的表层鱼群，也可捕捞灯光诱集的鱼群，网次产量最高，其产量约占总捕捞量的25%。刺网主要用于海洋捕捞，内陆水域也有使用。它对捕捞对象的体长和体周有较强的选择性，渔获质量较好。张网主要用于海洋捕捞，内陆水域也有使用。由于它必须固定设置在潮流较急的水域，除捕捞各类鱼虾的成体

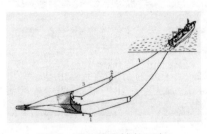

图2-55 拖网捕鱼示意

外，也能捕捞其幼体，因而须加强管理，以免损害水产资源。钓鱼的方式种类繁多，主要有延绳钓、竿钓、手钓、曳绳钓等，适用于捕捞较分散的鱼类。其他都是技术和构造较简单的传统渔具，生产规模一般较小，适合个体渔民使用。

绿色食品水产品在捕捞过程中使用的捕捞工具应无毒、无污染。渔船应符合《渔船设施卫生基本条件》（SC/T 8139）的有关规定。

3. 从业人员

从事海洋捕捞的人员应培训合格，持证上岗。

从事海洋捕捞及相关岗位的人员应每年体检一次，必要时应进行临时性的健康检查，具备卫生部门的健康证书，建立健康档案。凡患有活动性肺结核、传染性肝炎、肠道传染病以及其他有碍食品卫生的疾病者，应调离工作岗位。

应注意个人卫生，工作服、雨靴、手套应及时更换，清洗消毒。

4. 捕捞作业

捕捞人员在捕捞作业时应检查捕捞机械及设备，保持机械及设备的完好、清洁。捕捞作业的区域和器具应防止化学品、燃料或污水等的污染。在捕捞操作过程中，应注意人员安全，防止渔获物被污染、损伤。

捕捞的渔获物应及时清洗，进行冷却处理，并应防止损伤鱼体。无冷却措施的渔获物在船上存放不应超过8小时。作业区域、设施以及船舱、储槽和容器每次使用前后应清洗和消毒。保存必要的作业和温度记录。

渔获物捕捞后进行冷冻处理，冻藏库温度应保持在-18℃以下。冻结前，其房间或设备应进行必要的预冷却。采取吹风式冻结，其室内空气温度不应高于-23℃；接触式（平板式、搁架式）

冻结，其设备表面温度不应高于-28℃。冻结终止时，冻品的中心温度不应高于-18℃。

整个冻结过程不应超过20小时，单个冻结及接触式平板冻结的冻结时间不应超过8小时。

第三章
绿色食品水产品申报要求

一、绿色食品申报条件

（一）申请人条件

1. 基本条件

（1）能够独立承担民事责任。如企业法人、农民专业合作社、个人独资企业、合伙企业、家庭农场等，以及国有农场、国有林场和兵团团场等生产单位。

（2）具有稳定的生产基地或稳定的原料来源。

（3）具有一定的生产规模。其中，鱼、虾等水产品湖泊、水库养殖面积500亩及以上；养殖池塘（含稻田养殖、荷塘养殖等），面积200亩及以上。

（4）具有绿色食品生产的环境条件和生产技术。

（5）具有完善的质量管理体系，并至少稳定运行1年。

（6）具有与生产规模相适应的生产技术人员和质量控制人员。

（7）具有绿色食品企业内部检查员（以下简称内检员）。

（8）申请前3年内无质量安全事故和不良诚信记录。

（9）与绿色食品工作机构或绿色食品定点检测机构不存在利益关系。

（10）在国家农产品质量安全追溯管理信息平台完成注册。

（11）具有符合国家规定的各类资质要求（如水域滩涂养殖证）。

2. 总公司及其子公司、分公司申请条件

（1）总公司或子公司可独立作为申请人单独提出申请。

（2）"总公司+分公司"可作为申请人，分公司不可独立申请。

（3）总公司可作为统一申请人，子公司或分公司作为其加工场所。

（二）申请产品条件

（1）应符合《中华人民共和国食品安全法》和《中华人民共和国农产品质量安全法》等法律法规规定，在国家知识产权局商标局核定的绿色食品标志使用商品类别涵盖范围内。

（2）应为现行《绿色食品产品标准适用目录》内的产品，如产品本身或产品配料成分属于新食品原料、按照传统既是食品又是中药材的物质、可用于保健食品的物质，须同时符合国家相关规定。

（3）预包装产品应使用注册商标（含授权使用商标）。

（4）产品或产品原料产地环境应符合绿色食品产地环境质量标准。

（5）产品质量应符合绿色食品产品质量标准。

（6）生产中投入品（如渔药、饲料等）使用应符合绿色食品投入品使用准则。

（7）包装储运应符合绿色食品包装储运标准。

（三）其他申请条件

1. 委托生产

委托生产指申请人不能独立完成申请产品种植、养殖、加工（包括农产品初加工、深加工、分包装）全部环节的生产，而需要把部分环节委托他人完成的生产方式，具体要求见图3-1。

我是一家对虾加工、销售公司，有自己的加工厂，对虾委托一家专业合作社饲养，申报时有什么要求？

实行委托养殖的加工业申请人应与地市级（含）以上合作社示范社签订有效期3年及以上的绿色食品委托养殖合同（协议），并规定被委托方养殖规程符合绿色食品生产要求，同时建立长期稳定合作关系。

鼓励具备饲料种植加工、水产品养殖与加工的全产业链生产企业申报绿色食品。

图3-1　绿色食品委托生产申报范例

2. 养殖周期

绿色食品水产品应在规定的养殖周期内采用绿色食品标准要求的养殖方式，具体要求见图3-2。

我是一家大闸蟹养殖家庭农场，有自己的养殖场，大闸蟹饲喂饲料的原料全部是自己种植，可以申报吗？

家庭农场养殖的大闸蟹可以申请绿色食品。自繁自育苗种的，应在水产品的全养殖周期内采用绿色食品标准要求的养殖方式；外购苗种的，应至少在后2/3养殖周期内采用绿色食品标准要求的养殖方式。

自行种植饲料原料的，应符合《绿色食品　饲料及饲料添加剂使用准则》（NY/T 471—2023）要求。

图3-2　绿色食品水产品养殖周期申报要求

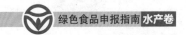

（四）相关绿色食品标准

申报绿色食品必须学习绿色食品标准。已出版的绿色食品标准汇编图书见图3-3。与绿色食品水产品相关的主要标准如下。

《绿色食品　产地环境质量》（NY/T 391—2021）

《绿色食品　肥料使用准则》（NY/T 394—2023）

《绿色食品　饲料及饲料添加剂使用准则》（NY/T 471—2023）

《绿色食品　包装通用准则》（NY/T 658—2015）

《绿色食品　渔药使用准则》（NY/T 755—2022）

《绿色食品　产地环境调查、监测与评价规范》（NY/T 1054—2021）

《绿色食品　储藏运输准则》（NY/T 1056—2021）

《绿色食品　海洋捕捞水产品生产管理规范》（NY/T 1891—2021）

《绿色食品　虾》（NY/T 840—2020）

《绿色食品　蟹》（NY/T 841—2021）

《绿色食品　鱼》（NY/T 842—2021）

《绿色食品　龟鳖类》（NY/T 1050—2018）

《绿色食品　海水贝》（NY/T 1329—2017）

《绿色食品　海参及制品》（NY/T 1514—2020）

《绿色食品　海蜇及制品》（NY/T 1515—2007）

《绿色食品　藻类及其制品》（NY/T 1709—2021）

《绿色食品　头足类水产品》（NY/T 2975—2016）

图 3-3　绿色食品标准汇编图书

二、绿色食品申报流程

（一）申请前准备

1. 内检员培训注册

为不断提高绿色食品企业内部质量管理能力和标准化生产水平，保障绿色食品产品质量和品牌信誉，中国绿色食品发展中心已将内检员作为绿色食品标志许可申请的基本条件。申请人须安排负责绿色食品生产和质量安全管理的专业技术人员或管理人员登录"绿色食品内检员培训管理系统"（网址：http://px.greenfood.org/login）参加绿色食品相关培训，并获得内检员注册资格。

（1）内检员资格条件：①遵纪守法，坚持原则，爱岗敬业。②具有大专以上相关专业学历或者具有两年以上农产品、食品生产、加工、经营经验，熟悉本企业的管理制度。③热爱绿色食品事业，熟悉农产品质量安全有关的国家法律、法规、政策、标准及行业规范；熟悉绿色食品质量管理和标志管理的相关规定。④应完成绿色食品相关培训，并经考试合格。

（2）内检员职责要求：①宣贯绿色食品标准。②按照绿色食品标准和管理要求，落实绿色食品标准化生产，参与制定本企业绿色食品质量管理体系、生产技术规程，协调、指导、检查和监督企业内部绿色食品原料采购、基地建设、投入品使用、产品检验、标志使用、广告宣传等工作。③指导企业建立绿色食品生产、加工、运输和销售记录档案，配合各级绿色食品工作机构开展绿色食品现场检查和监督管理工作。④负责企业绿色食品相关数据及信息的汇总、统计、编制，以及与各级绿色食品工作机构的沟通工作。⑤承担本企业绿色食品证书和《绿色食品标志商标使用许可合同》的管理，以及初次申请和续展申请工作。⑥组织开展绿色食品质量安全内部检查及改进工作；开展对企业内部员工有关绿色食品知识的培训。

（3）内检员培训要求：①绿色食品内检员培训采取课堂培训与网上培训相结合的培训制度。②首次注册的内检员必须参加课堂培训或网上培训，并经考试合格。已取得资格的内检员每年还须完成网上继续教育培训。③经过培训并考试合格的内检员由中国绿色食品发展中心统一注册编号发文生效。

2. 完成国家农产品质量安全追溯管理信息平台注册

登录国家农产品质量安全追溯管理信息平台（网址：http://www.qsst.moa.gov.cn），完成生产经营主体注册。

（二）申请基本环节

申请使用绿色食品标志通常需要经过8个环节：①申请人提出申请。②绿色食品工作机构受理审查。③检查员现场检查。④产地环境和产品检测。⑤省级工作机构初审。⑥中国绿色食品发展中心综合审查。⑦绿色食品专家评审。⑧发布颁证决定（图3-4）。

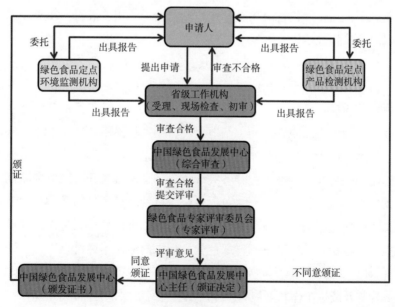

图 3-4　绿色食品标志申请许可流程

（三）流程详解

1. 申请人提出申请

（1）工作时限：申请人至少在产品收获或捕捞前3个月，向所在地绿色食品工作机构提出申请。

（2）申请方式：①登录中国绿色食品发展中心网站（网址：http://www.greenfood.org.cn；www.greenfood.org；www.greenfood.agri.cn），下载《绿色食品标志使用申请书》及相关调查表（图3-5）。②向工作机构提交申请。绿色食品省级工作机构和定点检测机构的联系方式，可登录中国绿色食品发展中心网站查询。

图3-5　绿色食品标志申请表格下载页面

2. 绿色食品工作机构受理审查

（1）工作时限：绿色食品工作机构自收到申请材料之日起10个工作日内完成材料受理审查。

（2）审查结果通知方式：绿色食品工作机构会重点审查申请人和申请产品的条件以及申请材料的完备性，向申请人发出《绿色食品申请受理通知书》，可能会有以下3种情况。①如材料审查合格，可以进入下一步程序，《绿色食品申请受理通知书》将告知申请人"材料审查合格，现正式受理你单位提交的申请。我单位将根据生产季节安排现场检查，具体检查时间和检查内容见《绿色食品现场检查通知书》"。②如申请材料不完备，仍需要尽快补充，《绿色食品申请受理通知书》将告知申请人"材料不完备，请你单位在收到本通知书＿个工作日内，补充以下材料：……材料补充完备后，我单位将正式受理你单位提交的申请"。③如材料审查不合格，《绿色食品申请受理通知书》将告知申请人"材料审查不合格，本生产周期内不再受理你单位提交的申请"。

3. 检查员现场检查

（1）工作时限与执行方式：在材料审查合格后45个工作日内，绿色食品工作机构会组织至少2名具有相应资质的检查员组成检查组现场检查。

（2）检查时间：申请产品生产期内。

（3）检查环节：首次会议、实地检查、随机访问、查阅文件（记录）、管理层沟通、总结会等。

（4）申请人参与人员：现场检查时申请人相关人员须在场，包括主要负责人、绿色食品生产负责人、各生产管理部门负责人、技术人员及内检员等。

（5）检查结果：形成《绿色食品现场检查报告》；绿色食品工作机构向申请人发出《绿色食品现场检查意见通知书》。可能会有以下两种情况。①如现场检查合格，可以进入下一步环节，《绿色食品现场检查意见通知书》将告知申请人"现场检查合格，请持本通知书委托绿色食品环境与产品检测机构实施检测工作"，同时，将告知申请人需要进行环境检测的检测项目，以及产品检测的检测标准。②如现场检查不合格，《绿色食品现场检查意见通知书》将告知申请人"现场检查不合格，本生产周期内不再受理你单位的申请"。

4. 产地环境和产品检测

（1）检测依据：申请人按照《绿色食品现场检查意见通知书》要求，委托检测机构对产地环境、产品进行检测和评价。

（2）检测时限：环境检测自抽样之日起30个工作日内完成；产品检测自抽样之日起20个工作日内完成。

（3）检测单位：绿色食品定点检测机构。全国目前有97家（2023年）绿色食品检测机构。

（4）检测结果提交绿色食品省级工作机构和申请人。

（5）检测要求：检测报告符合绿色食品标准要求。

5. 省级工作机构初审

（1）工作依据与工作时限：绿色食品省级工作机构自收到《绿色食品现场检查报告》《环境质量监测报告》和《产品检验报告》之日起20个工作日内完成初审。

（2）初审内容要求：申请材料完备可信、现场检查报告真实规范、环境和产品检验报告合格有效。

（3）初审合格报送中国绿色食品发展中心，同时完成网上报送。

6. 中国绿色食品发展中心综合审查

（1）工作时限：中国绿色食品发展中心自收到省级工作机构报送的申请材料之日起30个工作日内完成综合审查。

（2）审查结果：提出审查意见，并通过省级工作机构向申请人发出《绿色食品审查意见通知书》，审查结果可能有4种情况。①审查合格及审查不合格的，中国绿色食品发展中心将组织召开绿色食品专家评审会，申请材料提交专家评审。②需要补充材料的，申请人应在《绿色食品审查意见通知书》规定时限内补充相关材料，逾期视为自动放弃申请。③需要现场核查的，由中国绿色食品发展中心委派检查组再次进行检查核实。

7. 绿色食品专家评审

（1）召开专家评审会：中国绿色食品发展中心在完成综合审查的20个工作日内组织召开专家评审会。

（2）作出颁证决定：专家评审意见是最终颁证与否的重要依据。中国绿色食品发展中心根据专家评审意见，在5个工作日内作出颁证决定。

8. 颁证决定

作出同意颁证的决定后，申请人须与中国绿色食品发展中心签订《绿色食品标志使用合同》，并领取绿色食品证书（图3-6）。

图3-6　绿色食品标志使用证书范本

三、绿色食品申报材料内容和要求

（一）绿色食品水产品申报材料清单

（1）《绿色食品标志使用申请书》及《水产品调查表》。

（2）质量控制规范。

（3）生产操作规程。

（4）基地来源证明材料及原料（饲料及饲料添加剂）来源证明材料。

（5）基地图（基地位置图和养殖场所平面布局图）。

（6）带有绿色食品标志的预包装标签设计样张（仅预包装食品提供）。

（7）生产记录及绿色食品证书复印件（包括养殖记录和加工记录，仅续展申请人提供）。

（8）产地环境质量检验报告。

（9）产品检验报告。

（10）绿色食品抽样单。

（11）中国绿色食品发展中心要求提供的其他材料（绿色食品企业内部检查员证书、国家农产品质量安全追溯管理信息平台注册证明等）。

注意：申请人要提前准备好营业执照，绿色食品检查员现场检查时会进行现场核实。

（二）《绿色食品标志使用申请书》和《水产品调查表》的填写注意事项

1.《绿色食品标志使用申请书》填写注意事项

《绿色食品标志使用申请书》适用于所有绿色食品申请产品。主要包括申请人基本情况、申请产品基本情况和申请产品销售情况3部分内容，具体填写注意事项如下。

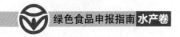

【申请书页面】

绿色食品标志使用申请书

初次申请□ 续展申请□ 增报申请□^①

申请人（盖章）_____

申 请 日 期_____年___月___日

中国绿色食品发展中心

【填写注意事项】

① "初次申请"是指申请人第一次申请绿色食品标志使用权；"续展申请"是指已获得的绿色食品证书有效期满，需要继续使用绿色食品标志，在证书有效期满3个月前向绿色食品省级工作机构提出的申请；"增报申请"是指企业在已获证产品的基础上，申请在其他产品上使用绿色食品标志或增加已获证产品产量（如增报申请时，伴随已有产品续展应同时勾选续展申请，否则同时勾选初次申请）。

【申请书页面】

填 表 说 明

一、本表一式三份，中国绿色食品发展中心、省级工作机构和申请人各一份。

二、本表应如实填写，所有栏目不得空缺，未填部分应说明理由。

三、本表无签字、盖章无效。

四、本表的内容可打印或用蓝、黑钢笔或签字笔填写，语言规范准确、印章（签名）端正清晰。

五、本表可从中国绿色食品发展中心网站下载，用A4纸打印。

六、本表由中国绿色食品发展中心负责解释。

【申请书页面】

保 证 声 明

我单位已仔细阅读《绿色食品标志管理办法》有关内容，充分了解绿色食品相关标准和技术规范等有关规定，自愿向中国绿色食品发展中心申请使用绿色食品标志。现郑重声明如下：

1.保证《绿色食品标志使用申请书》中填写的内容和提供的有关材料全部真实、准确，如有虚假成分，我单位愿承担法律责任。

2.保证申请前三年内无质量安全事故和不良诚信记录。

3.保证严格按《绿色食品标志管理办法》、绿色食品相关标准和技术规范等有关规定组织生产、加工和销售。

4.保证开放所有生产环节，接受中国绿色食品发展中心组织实施的现场检查和年度检查。

5.凡因产品质量问题给绿色食品事业造成的不良影响，愿接受中国绿色食品发展中心所作的决定，并承担经济和法律责任。

法定代表人（签字）：　　　　　　　　申请人（盖章）

　　　　　　　　　　　　　　　　　　　　年　　月　　日

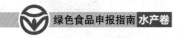

【申请书页面】

一 申请人基本情况

申请人（中文）				
申请人（英文）②				
联系地址③			邮编	
网址②				
统一社会信用代码④				
食品生产许可证号⑤				
商标注册证号⑥				
企业法定代表人	座机		手机	
联系人③	座机		手机	
内检员⑦	座机		手机	
传真②	E-mail②			
龙头企业⑧	国家级□　省（市）级□　地市级□			
年生产总值⑨（万元）		年利润⑨（万元）		
申请人简介				

注：申请人为非商标持有人，须附相关授权使用的证明材料。

【填写注意事项】

②如无"申请人（英文）""网址""传真""E-mail"可不填写。

③"联系地址""联系人"用于审查意见发送、合同寄送等，务必填写真实有效的地址。

④"统一社会信用代码"填写营业执照中有效代码（18位），总公司和分公司一同申请须填写总公司和分公司两者的统一社会信用代码并注明。

⑤"食品生产许可证号"填写食品生产许可证中代码（14位数字），如委托加工，应填写委托加工企业食品生产许可证中代码并注明。

⑥如申请人在申请产品上使用商标，应提供该商标的商标注册证号，如为授权使用，还应在材料中提供商标注册人的授权使用合同、说明等材料。

⑦内检员须在"绿色食品内检员培训管理系统"中参加培训，并获得证书，同时挂靠申请人单位。

⑧"龙头企业"分为国家级、省（市）级和地市级，如不涉及可不勾选。

⑨"年生产总值"和"年利润"填写申请人所有产品的年生产总值和年利润。

【申请书页面】

二　申请产品基本情况

产品名称⑩	商标⑪	产量（吨）⑫	是否 有包装⑬	包装规格⑭	绿色食品包装 印刷数量⑮	备注

注：续展产品名称、商标变化等情况需在备注栏中说明。

【填写注意事项】

⑩ "产品名称"是颁发绿色食品证书的重要依据，应在申请材料中保持一致并与产品包装标签（如有）一致。产品名称应符合国家现行标准或规章要求。

⑪ "商标"应与商标注册证一致。若有文字、英文（字母）、拼音、图形等，应按"文字＋拼音＋图形"或"文字＋英文"等形式填写；若一个产品同一包装标签中使用多个商标，商标之间应用顿号隔开。同一产品可同时使用两个或两个以上的商标，应注明"商标 A"或"商标 A＋商标 B"。同一产品名称的产品，使用不同商标按照不同产品申请，如"商标 A 鲤鱼""商标 A＋商标 B 鲤鱼""商标 B 鲤鱼"。

⑫ "产量"应为该产品各种物理包装规格年产量总和。

⑬ 如填写"有包装"应在材料中提供产品包装标签设计样张。

⑭ "包装规格"指同一产品不同包装量的规格，如 500 克、2 000 克等。

⑮ "绿色食品包装印刷数量"应分不同规格填写。

【申请书页面】

三　申请产品销售情况

产品名称	年产值（万元）	年销售额（万元）	年出口量⑯（吨）	年出口额⑯（万美元）

填表人（签字）：　　　　　　　　　　内检员（签字）：

【填写注意事项】

⑯ "年出口量""年出口额"如不涉及不填写。

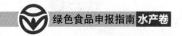

2.《水产品调查表》填写注意事项

《水产品调查表》适用于鲜活水产品以及捕捞、收获后未添加任何配料的经冷冻、干燥等简单物理加工的水产品。加工过程中，使用了其他配料或加工工艺复杂的腌熏、罐头、鱼糜等产品，需填写《加工产品调查表》。具体填写注意事项如下。

【调查表页面】

CGFDC-SQ-05/2022

水产品调查表

申请人（盖章）_____

申 请 日 期_____年____月___日

中国绿色食品发展中心

【调查表页面】

填 表 说 明

一、本表适用于鲜活水产品以及捕捞、收获后未添加任何配料的经冷冻、干燥等简单物理加工的水产品。加工过程中，使用了其他配料或加工工艺复杂的腌熏、罐头、鱼糜等产品，须填写《加工产品调查表》。

二、本表一式三份，中国绿色食品发展中心、省级工作机构和申请人各一份。

三、本表应如实填写，所有栏目不得空缺，未填部分应说明理由。

四、本表无签字、盖章无效。

五、本表的内容可打印或用蓝、黑钢笔或签字笔填写，语言规范准确、印章（签名）端正清晰。

六、本表可从中国绿色食品发展中心网站下载，用A4纸打印。

七、本表由中国绿色食品发展中心负责解释。

【调查表页面】

一　水产品基本情况

产品名称	品种名称[①]	面积（万亩）	养殖周期[②]	养殖方式	养殖模式	基地位置[③]	捕捞区域水深（米）（仅深海捕捞）

注：1. "养殖周期"应填写从苗种养殖到达到商品规格所需的时间。

2. "养殖方式"可填写湖泊养殖／水库养殖／近海放养／网箱养殖／网围养殖／池塘养殖／蓄水池养殖／工厂化养殖／稻田养殖／其他养殖等。

3. "养殖模式"可填写单养／混养／套养。

【填写注意事项】

①"品种名称"应为申请产品的品种（种类），如申请产品为鲟鱼，应填写"史氏鲟"等。

②"养殖周期"为申请产品从苗种养殖到生产出商品所需的时间。自繁自育苗种的，应在水产品的全养殖周期内采用绿色食品标准要求的养殖方式；外购苗种的，应至少在后2/3养殖周期内采用绿色食品标准要求的养殖方式。

③"基地位置"应具体到村，5个以上地点的可另附基地清单。

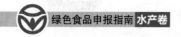
【调查表页面】

二　产地环境基本情况

产地是否位于生态环境良好、无污染地区，是否避开污染源？	
产地是否距离公路、铁路、生活区 50 米以上，距离工矿企业 1 千米以上？	
流入养殖/捕捞区的地表径流是否含有工业、农业和生活污染物？	
绿色食品生产区和常规生产区之间是否设置物理屏障？	
绿色食品生产区和常规生产区的进水和排水系统是否单独设立？	
简述养殖尾水的排放情况④。生产是否对环境或周边其他生物产生污染？	

注：相关标准见《绿色食品　产地环境质量》（NY/T 391）和《绿色食品　产地环境调查、监测与评价规范》（NY/T 1054）。

【填写注意事项】

④ 农业农村部自 2020 年启动实施水产绿色健康养殖技术推广"五大行动"，其中之一为"养殖尾水治理模式推广行动"。应因地制宜积极实施方案中水产养殖尾水治理技术模式。

【调查表页面】

三　苗种情况

外购苗种	品种名称	外购苗种规格⑤	外购来源	投放规格及投放量⑥	苗种消毒方法⑦	投放前暂养场所消毒方法⑦
自繁自育苗种	品种名称	苗种培育周期⑧		投放规格及投放量	苗种消毒方法⑦	繁育场所消毒方法⑦

【填写注意事项】

⑤ "外购苗种规格"应填写购买时苗种的规格大小（重量），如"重量 50 克/条""壳长 3 厘米"等。

⑥ "投放规格及投放量"应填写将苗种投放至最终养殖区时其规格大小（重量）及投放总量，如涉及苗种暂养或苗种单独培育等，苗种投放规格非外购时苗种规格。

⑦ 应填写具体消毒剂名称、用量、消毒方法、使用时间等，使用的消毒剂应符合《绿色食品　渔药使用准则》（NY/T 755）和《绿色食品　农药使用准则》（NY/T 393）要求。

⑧ "苗种培育周期"应填写自繁自育的苗种从繁殖到性成熟前培育时间。如为外购苗种，且购买后仍需进一步培育的，应将相关信息填写在"投放规格及投放量"等栏目。

【调查表页面】

四　饲料使用情况

产品名称				品种名称						
饲料及饲料添加剂〜生长阶段⑨	天然饵料	外购饲料					自制饲料			
	饵料品种⑩	饲料名称	主要成分⑪	年用量（吨／亩）⑫	来源⑫		原料名称	年用量（吨／亩）	比例⑬（％）	来源⑫

注：1. 相关标准见《绿色食品　饲料及饲料添加剂使用准则》（NY/T 471）。

　　2. "生长阶段"应包括从苗种到捕捞前以及暂养期各阶段饲料使用情况。

　　3. 使用酶制剂、微生物、多糖、寡糖、抗氧化剂、防腐剂、防霉剂、酸度调节剂、黏结剂、抗结块剂、稳定剂或乳化剂应填写添加剂具体通用名称。

【填写注意事项】

　　⑨ "生产阶段"应填写从苗种繁殖开始到捕捞上市前各个主要生长阶段。其中捕捞后、运输前和外购苗种投放前的暂养阶段应作为独立生长阶段填写信息。

　　⑩ "饵料品种"应填写养殖区域天然存在的水产品主要觅食的饵料品种，如剑水蚤等。申请人自行捕捞的其他海洋水产动物产品及副产品非天然饵料，应在"外购饲料"中填写相关信息。

　　⑪ "主要成分"应填写购买的商品饲料、配合饲料等配料表中各成分，包括饲料添加剂。各成分应符合《绿色食品　饲料及饲料添加剂使用准则》（NY/T 471）要求。

　　⑫ "来源"应填写饲料生产单位或基地名称或"自给"等，应符合《绿色食品　饲料及饲料添加剂使用准则》（NY/T 471）要求，并在申请材料中提供相应证明材料。

　　⑬ "比例"指该生长阶段该项目用量占所有饲料或饲料添加剂用量总和的比例。

【调查表页面】

五　饲料加工及存储情况

简述饲料加工流程⑭	
简述饲料存储过程中防潮、防鼠、防虫措施⑮	
绿色食品与非绿色食品饲料是否分区储藏，如何防止混淆？⑯	

　注：相关标准见《绿色食品　饲料及饲料添加剂使用准则》（NY/T 471）和《绿色食品储藏运输准则》（NY/T 1056）。

【填写注意事项】

　　⑭ 应填写自制饲料的加工工艺流程及所需要的工艺条件。应符合绿色食品及国家相关法律法规和标准要求。

　　⑮ 应填写饲料存储过程中采取的防潮、防鼠、防虫措施，如垫板隔离堆放、设置挡鼠板、放置捕鼠夹、窗户加置纱窗等。有药剂使用的，应填写药剂名称及使用方法，并应符合《绿色食品　渔药使用准则》（NY/T 755）和《绿色食品　农药使用准则》（NY/T 393）要求。

　　⑯ 应填写具体防混措施。如无饲料平行生产，则填写"全部为绿色食品饲料，无平行生产"。如存在饲料平行生产，应建立绿色食品专用饲料区别管理制度，通过物理隔离、过程隔离等方式区别管理。

【调查表页面】

六　肥料使用情况⑰

肥料名称	来源	用量	使用方法	用途	使用时间

　注：1. 相关标准见《绿色食品　肥料使用准则》（NY/T 394）。

　　　2. 表格不足可自行增加行数。

【填写注意事项】

　　⑰ 肥水、藻类养殖等应填写"肥料使用情况"，肥料使用应符合生产实际及《绿色食品　肥料使用准则》（NY/T 394）要求。

【调查表页面】

七 疾病防治情况

产品名称	药物/疫苗名称⑱	使用方法⑲	停药期

注：1. 相关标准见《绿色食品　渔药使用准则》（NY/T 755）。

　　2. 表格不足可自行增加行数。

【填写注意事项】

⑱ "药物/疫苗名称"应填写通用名称。

⑲ "使用方法"应填写具体使用方式及使用时期，如"1∶10 稀释后定期全池泼洒"等。使用的药剂/疫苗应符合《绿色食品　渔药使用准则》（NY/T 755）要求，并按照使用说明标签使用，必要情况下应在水生动物执业兽医指导下使用。

【调查表页面】

八 水质改良情况⑳

药物名称	用途	用量	使用方法	来源

注：1. 相关标准见《绿色食品　渔药使用准则》（NY/T 755）。

　　2. 表格不足可自行增加行数。

【填写注意事项】

⑳ 应填写具体药剂名称、用途、用量及使用方法，来源应为外购药剂生产单位等，使用的药剂应符合《绿色食品　渔药使用准则》（NY/T 755）要求。

【调查表页面】

九 捕捞情况

产品名称	捕捞规格㉑	捕捞时间㉒	收获量（吨）	捕捞方式及工具

【填写注意事项】

㉑"捕捞规格"应填写水产品捕捞时的规格大小（重量）。

㉒"捕捞时间"应填写水产品捕捞时的时间阶段，如"每年10月"等。

【调查表页面】

十 初加工、包装、储藏和运输

是否进行初加工（清理、晾晒、分级等）？简述初加工流程㉓	
简述水产品收获后防止有害生物发生的管理措施㉔	
使用什么包装材料，是否符合食品级要求？	
简述储藏方法及仓库卫生情况。简述存储过程中防潮、防鼠、防虫措施㉒	
说明运输方式及运输工具。简述运输工具清洁措施	
简述运输过程中保活（保鲜）措施㉒	
简述与同类非绿色食品产品一起储藏、运输过程中的防混、防污、隔离措施㉕	

注：相关标准见《绿色食品 包装通用准则》（NY/T 658）和《绿色食品 储藏运输准则》（NY/T 1056）。

【填写注意事项】

㉓收获后未添加任何配料的清理、冷冻、干燥等简单物理加工的应填写具体操作流程及技术工艺。如使用其他配料或加工工艺复杂的，须填写《加工产品调查表》。

㉔有药剂使用的，应填写药剂名称及使用方法，并应符合《绿色食品 渔药使用准则》（NY/T 755）和《绿色食品 农药使用准则》（NY/T 393）要求。

㉕应填写具体防混和隔离措施，建立绿色食品区别管理制度，通过物理隔离、过程隔离等方式区别管理。

【调查表页面】

十一　废弃物处理及环境保护措施㉖

填表人（签字）：　　　　　　　　　　内检员（签字）：

【填写注意事项】

㉖应按实际情况填写具体措施，并应符合《病死及病害动物无害化处理技术规范》（农医发〔2017〕25号）等国家和绿色食品相关标准要求。对于病死及病害水产品，应建立有效的无害化处理制度措施及无害化处理记录。

（三）绿色食品质量控制规范

绿色食品质量控制规范是绿色食品企业内部为规范绿色食品生产过程和保证绿色食品产品质量所制定的质量管理制度和活动规范，是企业绿色食品质量控制体系建立和有效运行的重要指导依据。

1. 编制原则

在制定绿色食品质量控制规范时应遵循以下原则。

（1）应符合国家农产品质量安全、食品安全、绿色食品有关法律法规、政策。

（2）应符合本单位组织模式、生产规模、质量管理能力。

（3）应注重制度规范的系统性、协调性和有效性，同时结合质量控制体系的运行情况和相关标准更新情况，不断修订、完善质量管理制度体系，持续提升绿色食品质量控制体系的有效性。

（4）应重点体现绿色食品"从土地到餐桌"的全程质量管理要求，覆盖绿色食品生产所有主要质量控制环节，规范对绿色食品生产的产前、产中和产后全过程的管理。

（5）可引进和实施ISO9000、ISO14000，以及以预防为主的食品安全控制体系——危害分析及关键控制点（HACCP）等内容。应重点围绕"生产环境—投入品供应、管理—投入品使用—产品收获及初加工—产品检验—产品包装、储藏运输"等主要环节和关键控制点，制定绿色食品质量控制措施。

（6）应由负责人签发，加盖申请人公章，并有生效日期。

2. 应制定的重点制度及内容（九大制度）

（1）建立质量责任制。申请人应根据绿色食品主体类型和组织模式，建立科学合理、分工明确的绿色食品生产管理组织架构，明确质量管理组织职责。应设立至少1名绿色食品内检员，重点负责绿色食品质量控制相关工作。

（2）基地（农户）管理制度。建立基地清单、农户清单、农户档案，农户数50户以上1 000户（含）以下的，应建立基地内控组织（基地内部分块管理），并制定相关管理制度，农户数1 000户以上的，应与合作社建立委托生产关系，被委托合作社应统一负责生产经营活动。基地和所有农户应实行"统一供种、统一投入品、统一培训、统一操作、统一管理、统一收购"的"六统一"制度。

（3）投入品供应及使用制度。包括生产资料等采购、使用、仓储、领用制度。

（4）生产过程管理制度。包括品种选择、饲养管理、疾病防治、产品收集、包装仓储、运输配送等相关管理制度。

（5）环境保护制度。包括基地环境监测保护制度、废弃物管理制度等。

（6）区分管理制度。如存在绿色食品和常规产品平行生产的情况，还应针对每个生产管理环节制定区分管理制度，防止绿色食品和常规产品混淆。

（7）培训与考核制度。包括绿色食品培训制度，同时针对绿色食品标准执行情况和质量控制情况建立考核制度等。

（8）内部检查及检测制度。包括质量安全检查制度、残次品处置制度、产品质量检测制度、质量事故报告和处理制度等。

（9）质量追溯管理制度。应按照"生产有记录，流向可追踪、信息可查询、质量可追溯"的要求，建立质量追溯管理制度和绿色食品全过程生产记录。

（四）生产操作规程

绿色食品生产操作规程是指导和落实绿色食品标准化生产的重要技术资料，是申请人计划、组织和控制绿色食品生产全过程和保证绿色食品产品质量的重要依据。

1. 编写原则

（1）应由申请人结合本单位生产实际和绿色食品标准要求，自主编制或在有关技术部门指导协助下编制完成，不能用国家标准、行业标准、地方标准或技术资料代替。

（2）申请人应因地制宜，根据水产品的种类、养殖特点、环境条件、设施水平、技术水平等综合因子，分类编制具备科学性、可操作性、实用性的生产技术规程。

（3）应按照绿色食品相关标准和全过程质量控制要求制定，产地环境、投入品、养殖技术、饲养管理、疾病防治、产品收获、包装储运等每个生产过程和技术环节要符合绿色食品标准和生产技术要求。例如，疾病防控应充分体现绿色防控的技术特点，应按

《中华人民共和国动物防疫法》的规定进行动物疾病的防治，在养殖过程中尽量不用或少用药物；确需使用药物时，应在水生动物执业兽医指导下进行；饲料和饲料添加剂的使用应对养殖动物机体健康和环境无不良影响，所生产的产品品质优，对消费者健康无不良影响，提倡优先使用微生物制剂、酶制剂、天然植物添加剂和有机矿物质，限制使用化学合成饲料和饲料添加剂。

（4）应由负责人签发并加盖申请人公章。

2. 编写重点

（1）立地条件及环境质量。基地选址、隔离情况、基地及周边环境质量、养殖用水来源、养殖水质管控（如肥水管理、水质改良）等应符合NY/T 391、NY/T 394、NY/T 755、NY/T 1054等要求。

（2）繁育管理。自繁自育的应包括亲本选择、苗种繁殖培育方法等；外购种苗的应包括苗种来源、苗种运输等。所用投入品应符合NY/T 394、NY/T 471、NY/T 755等要求。

（3）日常饲养管理。应包括养殖方式、动物福利措施、废弃物处理措施等，并符合NY/T 471、NY/T 755等要求。

（4）饲料管理。自制饲料的应包括饲料原料种类、比例、不同养殖阶段用量、全年用量、加工方法等。外购饲料原料的应包括来源、比例、不同养殖阶段用量、全年用量等，并符合NY/T 471等要求。

（5）疾病防治。应针对当地常见疫病种类及发生规律提出具体防治措施。涉及疫苗、药物、消毒剂等使用的，应明确名称、用量、防治对象、使用方法、使用时间和停药期，并符合NY/T 755等要求。

（6）收获及初加工。包括收获方式、产量、时间、收后预处理及初加工（如保鲜措施等）。废弃物处理、病死及病害动物无害化处理等应符合国家法律法规及绿色食品相关标准要求。对于海洋捕捞的水产品，应符合NY/T 1891等要求。

（7）包装储运。包括产品包装材料、标识、储藏（包括防鼠、防潮、防虫措施）、运输过程中控温及保障或提高存活率的措施等，应符合NY/T 1056、NY/T 755等要求。

3. 编写主要参考依据

（1）《绿色食品　产地环境质量》（NY/T 391）。

（2）《绿色食品　肥料使用准则》（NY/T 394）。

（3）《绿色食品　饲料及饲料添加剂使用准则》（NY/T 471）。

（4）《绿色食品　包装通用准则》（NY/T 658）。

（5）《绿色食品　渔药使用准则》（NY/T 755）。

（6）《绿色食品　产地环境调查、监测与评价规范》（NY/T 1054）。

（7）《绿色食品　储藏运输准则》（NY/T 1056）。

（8）《绿色食品　海洋捕捞水产品生产管理规范》（NY/T 1891）。

（9）绿色食品水产品相关产品标准。

（10）《绿色食品生产操作规程》（图3-7）。

图 3-7　绿色食品生产操作规程汇编

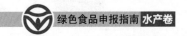

（五）基地来源证明材料

证明材料包括基地权属证明、合同（协议）、农户（社员）清单等，不应有涂改或伪造。

1. 自有基地

（1）应提供基地权属证书，如产权证、滩涂证、国有农场所有权证书等。

（2）证书持有人应与申请人信息一致。

（3）基地使用面积应满足生产规模需要。

（4）证书应在有效期内。

2. 基地入股型合作社

（1）应提供合作社章程及农户（社员）清单，清单中应至少包括农户（社员）姓名、生产规模等栏目。

（2）章程和清单中签字、印章应清晰、完整。

（3）基地使用面积应满足生产规模需要。

3. 流转土地统一经营

（1）应提供基地流转（承包）合同（协议）及流转（承包）清单，清单中应至少包括农户（社员）姓名、生产规模等栏目。

（2）基地流入方（承包人）应与申请人信息一致；土地流出方（发包方）为非产权人的，应提供非产权人土地来源证明。

（3）基地使用面积应满足生产规模需要。

（4）合同（协议）应在有效期内。

（六）原料（饲料及饲料添加剂）来源证明材料

证明材料包括合同（协议）、基地清单、农户（内控组织）清单及购销凭证等，不应有涂改或伪造。

1. "公司＋合作社（农户）"

（1）应提供至少2份与合作社（农户）签订的委托生产合同（协议）样本及基地清单（农户清单）；合同（协议）有效期应在

3年（含）以上，并确保至少一个绿色食品用标周期内原料供应的稳定性，内容应包括绿色食品质量管理、技术要求和法律责任等；基地清单（农户清单）中应包括序号、负责人、基地名称、合作社（农户）数、生产品种、面积（规模）、预计产量等栏目，并应有汇总数据（图3-8和图3-9）。

（2）根据农户数量分别提供相应材料：①农户数50户（含）以下的应提供农户清单，清单中应包括序号、基地名称、农户姓名、生产品种、面积（规模）、预计产量等栏目，并应有汇总数据。②农户数50户以上1 000户（含）以下的，应提供内控组织

基地清单（模板）

序号	基地村名	合作社名称/农户姓名	养殖品种	养殖规模	预计产量	负责人员
合计						

申请人（盖章）：

图3-8　基地清单示例

农户清单（模板）

序号	基地村名	农户姓名	养殖品种	养殖规模	预计产量
合计					

申请人（盖章）：

图3-9　农户清单示例

（不超过20个）清单，清单中应包括序号、负责人、基地名称、农户数、生产品种、面积（规模）、预计产量等栏目，并应有汇总数据。③农户数1 000户以上的，应与合作社建立委托生产关系，被委托合作社应统一负责生产经营活动，应提供基地清单及被委托合作社章程。

（3）清单汇总数据中的生产规模或产量应满足申请产品的生产需要。

2. 外购全国绿色食品原料标准化生产基地原料

（1）应提供有效期内的基地证书。

（2）应提供申请人与全国绿色食品原料标准化生产基地范围内生产经营主体签订的原料供应合同（协议）及1年内的购销凭证。

（3）合同（协议）、购销凭证中的产品应与基地证书中批准的产品相符。

（4）合同（协议）有效期应在3年（含）以上，并确保至少一个绿色食品用标周期内原料供应的稳定性，生产规模或产量应满足申请产品的生产需要。

（5）购销凭证中收付款双方应与合同（协议）中一致。

（6）基地建设单位出具的确认原料来自全国绿色食品原料标准化生产基地和合同（协议）真实有效的证明。

3. 外购已获证产品及其副产品（绿色食品生产资料）

（1）应提供有效期内的绿色食品（绿色食品生产资料）证书。

（2）应提供与绿色食品（绿色食品生产资料）证书持有人签订的购买合同（协议）及1年内的购销凭证；供方（卖方）非证书持有人的，应提供绿色食品原料（绿色食品生产资料）来源证明，如经销商销售绿色食品原料（绿色食品生产资料）的合同（协议）及发票，或绿色食品（绿色食品生产资料）证书持有人提供的销售证明等。

（3）合同（协议）、购销凭证中产品应与绿色食品（绿色食品生产资料）证书中批准的产品相符。

（4）合同（协议）应确保至少一个绿色食品用标周期内原料供应的稳定性，生产规模或产量应满足申请产品的生产需要。

（5）购销凭证中收付款双方应与合同（协议）中一致。

（七）基地图

基地图包括基地位置图和养殖场所平面布局图，是反映绿色食品生产基地位置、基地规模、实际生产布局及周边环境情况的重要技术资料。应在调查核实基地实际情况的基础上绘制，确保真实全面、信息准确、清晰易读、方便核对。可手绘，空白处应载明图例、指北等绘图要素。具体要求如下。

（1）基地位置图范围应为基地及其周边5千米区域，应标示出基地位置［具体到乡（镇）和村］、基地区域界限（包括行政区域界限、村组界限等）及周边信息（包括村庄、河流、山川、树林、道路、设施、污染源等）。

（2）养殖场所平面布局图应标示出养殖场面积、方位、边界、周边区域利用情况及各类不同生产功能区域等（图3-10）。

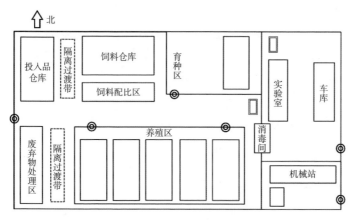

图 3-10　养殖场所布局平面图样图

（八）包装标签设计样张

根据《中华人民共和国商标法》及《绿色食品标志管理办法》规定，绿色食品标志使用人在证书有效期内，可在获证产品及其包装、标签、说明书，以及在获证产品的广告宣传、展览展销等市场营销活动中使用绿色食品标志。如果申请产品为预包装产品，申请人提交申请时应同时提供包装标签设计样张，规范标注申请人名称、申请产品名称、绿色食品标志使用形式、执行标准等内容。

1. 绿色食品标志使用形式

绿色食品商标标志设计使用应依据《中国绿色食品商标标志设计使用规范手册》的规定，目前有7种绿色食品标志形式可以使用。绿色食品企业信息码（GF）是中国绿色食品发展中心赋予每个绿色食品标志使用人的唯一数字编码，与绿色食品标志（组合图形）在获证产品包装上配合使用。

绿色食品企业信息码编号形式：GF×××××××××××。GF是绿色食品英文"Green Food"首字母的缩写组合，后面为12位阿拉伯数字，其中1—6位为地区代码（按行政区划编制到县级），7—8位为获证年份，9—12位为当年标志使用人序号。企业信息码的形式与含义见图3-11。

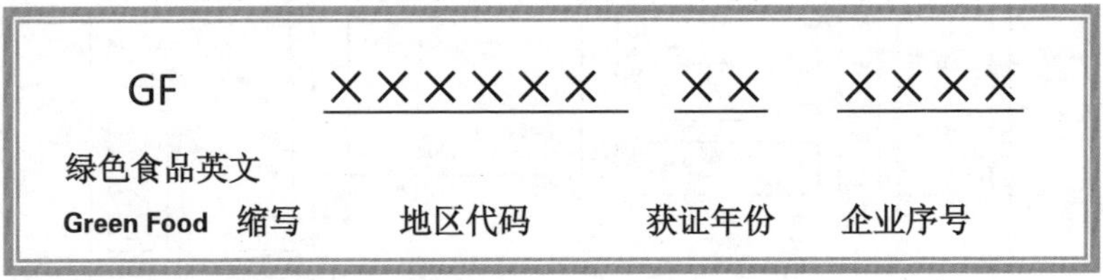

GF	××××××	××	××××
绿色食品英文 **Green Food** 缩写	地区代码	获证年份	企业序号

图3-11　绿色食品企业信息码形式和含义

2. 绿色食品标志使用原则

（1）基本要素保持不变。绿色食品标志的图形、中英文字体、字形、标准色（绿色）、注册符号标注位置等保持不变，确保绿色食品品牌形象整体保持不变。在个别产品包装不适宜使用标准色时，标志使用人可在其产品包装上使用其他颜色，但须经中国绿色食品发展中心审核备案。

（2）标志组合保持不变。主要是指在产品包装上使用时，绿色食品标志图形和绿色食品中英文组合基本保持不变。图形与文字等用标组合已经国家知识产权局商标局注册，受《中华人民共和国商标法》保护，在实际应用中基本保持不变，特别是在产品包装上使用时，须图形与文字组合出现在同一视野，不应单独使用图形或文字，确保绿色食品标志使用合法、规范。

（九）生产记录（仅续展申请人提供）

生产记录是用于追溯申请人的生产管理、投入品使用、产品收获、储存运输及产品销售等有关情况的重要技术文件。绿色食品水产品续展申请需要提供符合以下要求的生产记录。

（1）应提供上一用标周期绿色食品生产记录，包含投入品购买与领用、农事操作、繁育管理、养殖管理、产品收获、生产加工、包装标识、储藏运输、产品销售等记录，保证能追溯上一用标周期从基地生产到销售的全过程，同时应有当地农业行政主管部门的指导和监督。

（2）详细记载生产活动中所使用过的饲料及饲料添加剂、药剂（疫苗、渔药、水质改良剂、消毒剂等）、肥料等投入品的名称、来源、用法、用量、使用日期、停用日期等；详细记载生产过程中疾病的预防措施、发生情况和防治技术措施。

（3）应现场记录，不应事后批量补写，也不应事前估算填写。

（4）应有固定的记录格式，且书写规范，操作人和审核人应亲笔签名，确保记录真实性。

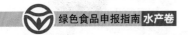

（5）禁止伪造生产记录。

（十）其他相关资质材料

申请绿色食品标志需要准备的其他相关资质材料主要包括营业执照、商标注册证、水域滩涂养殖证、绿色食品内检员证书、国家农产品质量安全追溯管理信息平台注册证明、水产苗种生产许可证、渔业捕捞许可证等，重点证明申请人所从事的生产具有合法资质，并具有相应的生产能力。

1. 营业执照（图3-12）

营业执照可通过国家企业信用信息公示系统（网址：http://www.gsxt.gov.cn/index.html）查询。

（1）营业执照中的主体名称、法定代表人等信息与申请人信息一致。

（2）绿色食品申请日期距营业执照中的成立日期已满1年。

（3）申请人经营正常、信用信息良好，未列入经营异常名录、严重违法失信企业名单。

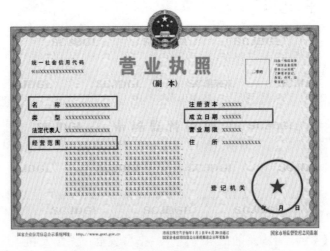

图3-12　营业执照核实内容示例

（4）经营范围应涵盖水产养殖、水产品捕捞等生产经营的相关行业。

（5）应在有效期内。

（6）申请人无须提交纸质营业执照复印件，检查员现场检查核实。

2.商标注册证（图3-13）

商标注册证可通过中国商标网（网址：http://wcjs.sbj.cnipa.gov.cn/）查询。

（1）注册人应与申请人或其法定代表人一致，不一致的，应提供商标使用权证明材料（如商标变更证明、商标使用许可证明、商标转让证明、授权使用合同或协议等）。

（2）核定使用商品应涵盖申请产品。

（3）应在注册有效期内。

（4）受理期、公告期的商标应按无商标申报绿色食品，待正式取得商标注册证后可向中国绿色食品发展中心申请免费变更商标。

图3-13　商标注册证核实内容示例

（5）申请人无须提交纸质商标注册证复印件，检查员现场检查核实。

3.水域滩涂养殖证（图3-14）

（1）水域滩涂养殖权人应与申请人或其法定代表人一致，不一致的，应提供使用权证明材料（如转让合同或协议、租赁合同或协议、委托生产合同或协议等）。

（2）核准面积应满足申请产品生产需求。

（3）应在注册有效期内。

图 3-14　水域滩涂养殖证核实内容示例

4. 有效期内的绿色食品内检员证书

内检员经培训合格后获得绿色食品内检员资格证书（图3-15），此证书中"所在企业"显示为"未挂靠"。选择所在企业后获得绿色食品内检员证书（图3-16）。

申请人应提供绿色食品内检员证书，证书中"所在企业"名称应与申请人名称一致，且应在有效期内。

图 3-15　绿色食品内检员资格证书示例

图 3-16　绿色食品内检员证书核实内容示例

5. 国家农产品质量安全追溯管理信息平台注册证明

通过国家农产品质量安全追溯管理信息平台可查询到企业信息页（图3-17）。

图 3-17　国家农产品质量安全追溯管理信息平台经营主体注册信息表核实内容示例

6.水产苗种生产许可证（图3-18）

（1）自繁自育苗种的，水产苗种生产许可证中单位名称应与申请人或法定代表人一致；外购苗种的，水产苗种生产许可证中单位名称应与苗种购买方名称一致。

（2）水产苗种生产许可证中生产品种应涵盖申请产品品种。

（3）应在注册有效期内。

图3-18　水产苗种生产许可证核实内容示例

7.**渔业捕捞许可证**（图3-19）

（1）持证人应与申请人或法定代表人一致，不一致的，应提供使用权证明材料（如转让合同或协议、租赁合同或协议、委托生产合同或协议等）。

（2）捕捞品种应涵盖申请产品品种。

（3）应在注册有效期内。

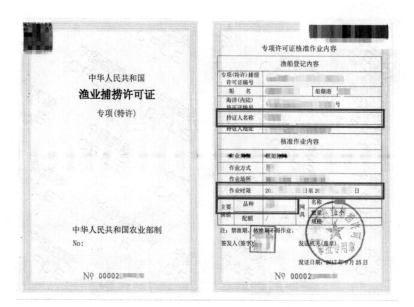

图 3-19　渔业捕捞许可证核实内容示例

第四章
绿色食品水产品申报范例

一、鱼类产品申报范例

鱼类产品申报以黑龙江××水产养殖专业合作社初次申请绿色食品的申报材料为例，示例中涉及企业隐私的内容已经处理隐藏。黑龙江××水产养殖专业合作社成立于2014年，是一家科技型水产类专业合作社（图4-1）。主要养殖虹鳟鱼，养殖基地位于黑龙江省宁安市钻心湖冷水鱼养殖场，东南距镜泊湖国家风景名胜区6千米，为火山熔岩台地西端，毗邻小北湖湿地，远离城市，水量充沛，水质清新，-30℃不结冰。养殖场1985年建设并投产，与中国水产研究院黑龙江水产研究所签订虹鳟鱼产业发展框架性协议，拥有精养标准鱼池20万米²，配套生产、生活设施、饲料加工、鱼苗孵化等设施占地600余亩。该合作社在养殖过程中坚持以绿色生产技术

图4-1 黑龙江××水产养殖专业合作社虹鳟养殖池（样图）

为主。2013年，宁安虹鳟鱼就登记为农产品地理标志产品，随着绿色食品品牌认知度的快速提升，该合作社意识到绿色食品品牌的市场潜力，为进一步提高当地虹鳟鱼的知名度和信誉度，该合作社于2023年开始申报绿色食品。

（一）申请书和调查表填写范例

1. 绿色食品标志使用申请书

《绿色食品标志使用申请书》填写范例如下。其中所填写内容仅供参考，申请人应根据本企业实际情况填写。

CGFDC-SQ-01/2019

绿色食品标志使用申请书

初次申请☑　　续展申请□　　增报申请□

申请人（盖章）　黑龙江××水产养殖专业合作社

申请日期　　2023　　年　　5　　月　　1　　日

中国绿色食品发展中心

填 表 说 明

一、本表一式三份，中国绿色食品发展中心、省级工作机构和申请人各一份。

二、本表应如实填写，所有栏目不得空缺，未填部分应说明理由。

三、本表无签字、盖章无效。

四、本表的内容可打印或用蓝、黑钢笔或签字笔填写，语言规范准确、印章（签名）端正清晰。

五、本表可从中国绿色食品发展中心网站下载，用A4纸打印。

六、本表由中国绿色食品发展中心负责解释。

保 证 声 明

我单位已仔细阅读《绿色食品标志管理办法》有关内容，充分了解绿色食品相关标准和技术规范等有关规定，自愿向中国绿色食品发展中心申请使用绿色食品标志。现郑重声明如下：

1.保证《绿色食品标志使用申请书》中填写的内容和提供的有关材料全部真实、准确，如有虚假成分，我单位愿承担法律责任。

2.保证申请前三年内无质量安全事故和不良诚信记录。

3.保证严格按《绿色食品标志管理办法》、绿色食品相关标准和技术规范等有关规定组织生产、加工和销售。

4.保证开放所有生产环节，接受中国绿色食品发展中心组织实施的现场检查和年度检查。

5.凡因产品质量问题给绿色食品事业造成的不良影响，愿接受中国绿色食品发展中心所作的决定，并承担经济和法律责任。

法定代表人（签字）：王墨　　　　申请人（盖章）2023年5月1日

一　申请人基本情况

申请人（中文）	黑龙江××水产养殖专业合作社				
申请人（英文）	/				
联系地址	黑龙江省牡丹江市宁安市××村			邮编	157400
网址					
统一社会信用代码	91231234567890123A				
食品生产许可证号	/				
商标注册证号	23123456				
企业法定代表人	王墨	座机	0453-12345678	手机	18912345678
联系人	张力	座机	0453-23456789	手机	15012345678
内检员	刘全	座机	0453-34567890	手机	13812345678
传真	/	E-mail		/	
龙头企业	国家级□　省（市）级□　地市级☑				
年生产总值（万元）	1 000	年利润（万元）		180	
申请人简介	黑龙江××水产养殖专业合作社成立于2014年，是一家科技型水产类专业合作社。虹鳟鱼养殖在宁安市钻心湖冷水鱼养殖场，东南距镜泊湖国家风景名胜区6千米，为火山熔岩台地西端，毗邻小北湖湿地，远离城市，水量充沛，水质清新，−30℃不结冰。养殖场1985年建设并投产，与中国水产研究院黑龙江水产研究所签订虹鳟鱼产业发展框架性协议，有精养标准鱼池20万米^2，配套生产、生活设施、饲料加工、鱼苗孵化等设施占地600余亩，年产发眼卵约500万粒，稚鱼60万尾，鱼种1.5万千克。2013年，宁安虹鳟鱼登记为农产品地理标志产品。				

注：申请人为非商标持有人，须附相关授权使用的证明材料。

二　申请产品基本情况

产品名称	商标	产量（吨）	是否有包装	包装规格	绿色食品包装印刷数量	备注
虹鳟	宁虹＋拼音	1 300	是	1 尾／袋	15 000 张（标签）	

注：续展产品名称、商标变化等情况需在备注栏中说明。

三　申请产品销售情况

产品名称	年产值（万元）	年销售额（万元）	年出口量（吨）	年出口额（万美元）
虹鳟	400	800	0	0

填表人（签字）：张力　　　　内检员（签字）：刘全

2. 水产品调查表

《水产品调查表》填写范例如下。其中所填写内容仅供参考，申请人应根据本企业实际情况填写。

CGFDC-SQ-05/2022

水产品调查表

申请人（盖章）　　黑龙江××水产养殖专业合作社

申请日期　　2023　　年　　　　月　　　　日

中国绿色食品发展中心

填 表 说 明

　　一、本表适用于鲜活水产品及捕捞、收获后未添加任何配料的经冷冻、干燥等简单物理加工的水产品。加工过程中，使用了其他配料或加工工艺复杂的腌熏、罐头、鱼糜等产品，须填写《加工产品调查表》。

　　二、本表一式三份，中国绿色食品发展中心、省级工作机构和申请人各一份。

　　三、本表应如实填写，所有栏目不得空缺，未填部分应说明理由。

　　四、本表无签字、盖章无效。

　　五、本表的内容可打印或用蓝、黑钢笔或签字笔填写，语言规范准确、印章（签名）端正清晰。

　　六、本表可从中国绿色食品发展中心网站下载，用A4纸打印。

　　七、本表由中国绿色食品发展中心负责解释。

一　水产品基本情况

产品名称	品种名称	面积（万亩）	养殖周期	养殖方式	养殖模式	基地位置	捕捞区域水深（米）（仅深海捕捞）
虹鳟	虹鳟水科1号	0.02	3年	蓄水池养殖	单养	黑龙江省牡丹江市宁安市××村	/

　　注：1. "养殖周期"应填写从苗种养殖到达到商品规格所需的时间。

　　　　2. "养殖方式"可填写湖泊养殖／水库养殖／近海放养／网箱养殖／网围养殖／池塘养殖／蓄水池养殖／工厂化养殖／稻田养殖／其他养殖等。

　　　　3. "养殖模式"可填写单养／混养／套养。

二 产地环境基本情况

产地是否位于生态环境良好、无污染地区，是否避开污染源？	是
产地是否距离公路、铁路、生活区 50 米以上，距离工矿企业 1 千米以上？	是
流入养殖 / 捕捞区的地表径流是否含有工业、农业和生活污染物？	无污染物
绿色食品生产区和常规生产区之间是否设置物理屏障？	是
绿色食品生产区和常规生产区的进水和排水系统是否单独设立？	进水和排水系统单独设立
简述养殖尾水的排放情况。生产是否对环境或周边其他生物产生污染？	控制饲料投喂量，设有粪污残饵收集装置，养殖尾水达到排放标准，不对环境造成污染

注：相关标准见《绿色食品 产地环境质量》（NY/T 391）和《绿色食品 产地环境调查、监测与评价规范》（NY/T 1054）。

三 苗种情况

外购苗种	品种名称	外购苗种规格	外购来源	投放规格及投放量	苗种消毒方法	投放前暂养场所消毒方法
	/	/	/	/	/	/

自繁自育苗种	品种名称	苗种培育周期	投放规格及投放量	苗种消毒方法	繁育场所消毒方法
	虹鳟	6 个月	10 克 / 尾 40 万尾 / 亩	3% ~ 5% 食盐溶液浸泡	生石灰化浆后泼洒

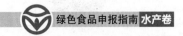

四 饲料使用情况

产品名称				虹鳟		品种名称		虹鳟水科 1 号	
饲料及饲料添加剂 生长阶段	天然饵料 饵料品种	外购饲料				自制饲料			
		饲料名称	主要成分	年用量（吨/亩）	来源	原料名称	年用量（千克/亩）	比例（%）	来源
稚鱼期	/	/	/	/	/	鱼粉	120	50	××饲料厂
	/	/	/	/	/	豆粕	25	10	黑龙江××油脂有限公司
	/	/	/	/	/	麦麸	85	35	××面粉厂
	/	/	/	/	/	酵母	10	5	××农业生产经销部
幼鱼期	/	/	/	/	/	鱼粉	70	35	××饲料厂
	/	/	/	/	/	豆粕	40	20	黑龙江××油脂有限公司
	/	/	/	/	/	麦麸	40	20	××面粉厂
	/	/	/	/	/	玉米	40	20	自行种植
	/	/	/	/	/	益生菌、酵母	10	5	××农业生产经销部
成鱼期	/	/	/	/	/	鱼粉	420	35	××饲料厂
	/	/	/	/	/	豆粕	300	25	黑龙江××油脂有限公司
	/	/	/	/	/	麦麸	250	20	××面粉厂
	/	/	/	/	/	玉米	200	15	自行种植
	/	/	/	/	/	碳酸钙、β-胡萝卜素	50	5	××农业生产经销部
	/	/	/	/	/	姜黄素	5	极少	××农业生产经销部

注：1. 相关标准见《绿色食品 饲料及饲料添加剂使用准则》（NY/T 471）。

2. "生长阶段" 应包括从苗种到捕捞前以及暂养期各阶段饲料使用情况。

3. 使用酶制剂、微生物、多糖、寡糖、抗氧化剂、防腐剂、防霉剂、酸度调节剂、黏结剂、抗结块剂、稳定剂或乳化剂应填写添加剂具体通用名称。

五　饲料加工及存储情况

简述饲料加工流程	按比例均匀混合后压制成适口粒径的颗粒
简述饲料存储过程中防潮、防鼠、防虫措施	（1）仓库选址地势较高地块，墙面设有通风排气口，窗口设有防蝇虫钢丝网，大门设有挡鼠板，仓库内放置粘鼠板 （2）仓库内配置木质隔湿垫板，饲料不靠墙存放 （3）分批次按需少量进货，减少生虫可能性
绿色食品与非绿色食品饲料是否分区储藏，如何防止混淆？	绿色食品饲料有专用仓库，且不同厂家、不同规格、不同批次的饲料均单独摆放并有记录档案

注：相关标准见《绿色食品　饲料及饲料添加剂使用准则》（NY/T 471）和《绿色食品储藏运输准则》（NY/T 1056）。

六　肥料使用情况

肥料名称	来源	用量	使用方法	用途	使用时间
无	/	/	/	/	/

注：1. 相关标准见《绿色食品　肥料使用准则》（NY/T 394）。
　　2. 表格不足可自行增加行数。

七　疾病防治情况

产品名称	药物/疫苗名称	使用方法	停药期
虹鳟	大黄五倍子粉	2毫克/升全池泼洒防治鳃霉病	50度日
	食盐溶液	1%浓度浸泡鱼体60分钟防治寄生虫病	无

注：1. 相关标准见《绿色食品　渔药使用准则》（NY/T 755）。
　　2. 表格不足可自行增加行数。

八　水质改良情况

药物名称	用途	用量	使用方法	来源
生石灰	消毒、净化水质	15 千克 / 亩	化浆后泼洒	×× 农资经营店

注：1. 相关标准见《绿色食品　渔药使用准则》（NY/T 755）。

　　2. 表格不足可自行增加行数。

九　捕捞情况

产品名称	捕捞规格	捕捞时间	收获量（吨）	捕捞方式及工具
虹鳟	1 ~ 2 千克 / 尾 2 ~ 3 龄	8—10 月	1 300	人工围网捕捞

十　初加工、包装、储藏和运输

是否进行初加工（清理、晾晒、分级等）？简述初加工流程	无初加工
简述水产品收获后防止有害生物发生的管理措施	（1）规范捕捞，动作轻柔，防止鱼体应激及损伤 （2）及时供氧、适时换水
使用什么包装材料，是否符合食品级要求？	PP 塑料周转箱，符合食品级要求
简述储藏方法及仓库卫生情况。简述存储过程中防潮、防鼠、防虫措施	鲜活直销，不涉及储藏
说明运输方式及运输工具。简述运输工具清洁措施	专业水产运输汽车，清水冲洗后晾干
简述运输过程中保活（保鲜）措施	（1）灌注洁净水，长距离运输每 200 千米换水一次 （2）水温保持在 12 ~ 15℃ （3）全程专用供氧设备供氧 （4）控制运输密度
简述与同类非绿色食品产品一起储藏、运输过程中的防混、防污、隔离措施	采用绿色食品专用仓库及专用运输车辆，不与其他产品混装储藏、运输

注：相关标准见《绿色食品　包装通用准则》（NY/T 658）和《绿色食品　储藏运输准则》（NY/T 1056）。

十一　废弃物处理及环境保护措施

（1）投入品的包装袋使用后集中存放并回收处理

（2）每日巡查，如发现畸形、死亡等鱼体，及时捞取后进行无害化处理，并做好相关记录

（3）每日巡视，如发现水面漂浮杂物，打捞后集中送往生活区垃圾存放处，由当地垃圾处理车集中运走

（4）尾水进行净化处理，达标后依规排放

填表人（签字）：张力　　内检员（签字）：刘金

3. 种植产品调查表

《种植产品调查表》填写范例如下，适用于自行种植植物源性饲料原料。其中所填写内容仅供参考，申请人应根据本企业实际情况填写。

CGFDC-SQ-02/2022

种植产品调查表

申请人（盖章）　黑龙江×水产养殖专业合作社

申请日期　　2023　年　5　月　1　日

中国绿色食品发展中心

填 表 说 明

一、本表适用于收获后，不添加任何配料和添加剂，只进行清洁、脱粒、干燥、分选等简单物理处理过程的产品（或原料），如原粮、新鲜果蔬、饲料原料等。

二、本表一式三份，中国绿色食品发展中心、省级工作机构和申请人各一份。

三、本表应如实填写，所有栏目不得空缺，未填部分应说明理由。

四、本表无签字、盖章无效。

五、本表的内容可打印或用蓝、黑钢笔或签字笔填写，语言规范准确、印章（签名）端正清晰。

六、本表可从中国绿色食品发展中心网站下载，用A4纸打印。

七、本表由中国绿色食品发展中心负责解释。

一　种植产品基本情况

作物名称	种植面积（万亩）	年产量（吨）	基地类型	基地位置（具体到村）
玉米	0.012	50	C、E	黑龙江省牡丹江市宁安市××村

注：基地类型填写自有基地（A）、基地入股型合作社（B）、流转土地统一经营（C）、公司＋合作社（农户）（D）、全国绿色食品原料标准化生产基地（E）。

二　产地环境基本情况

产地是否位于生态环境良好、无污染地区，是否避开污染源？	是
产地是否距离公路、铁路、生活区50米以上，距离工矿企业1千米以上？	是
绿色食品生产区和常规生产区域之间是否有缓冲带或物理屏障？请具体描述	有，基地与其他外部区域有道路及绿化带相隔

注：相关标准见《绿色食品　产地环境质量》（NY/T 391）和《绿色食品　产地环境调查、监测与评价规范》（NY/T 1054）。

三　种子（种苗）处理

种子（种苗）来源	××农业种苗有限公司
种子（种苗）是否经过包衣等处理？请具体描述处理方法	否
播种（育苗）时间	每年5月

注：已进入收获期的多年生作物（如果树、茶树等）应说明。

四　栽培措施和土壤培肥

采用何种耕作模式（轮作、间作或套作）？请具体描述	无轮作、间作或套作
采用何种栽培类型（露地、保护地或其他）？	露地栽培
是否休耕？	是

秸秆、农家肥等使用情况			
名称	来源	年用量（吨/亩）	无害化处理方法
秸秆	/	/	/
绿肥	/	/	/
堆肥	/	/	/
沼肥	/	/	/

注："秸秆、农家肥等使用情况"不限于表中所列品种，视具体使用情况填写。

五　有机肥使用情况

作物名称	肥料名称	年用量（吨/亩）	商品有机肥有效成分氮磷钾总量（%）	有机质含量（%）	来源	无害化处理
玉米	生物有机肥	0.5	10	60	××农资经营店	无

注：该表应根据不同作物名称依次填写，包括商品有机肥和饼肥。

六　化学肥料使用情况

作物 名称	肥料 名称	有效成分（％）			施用方法	施用量（千克/亩）
		氮	磷	钾		
玉米	/	/	/	/	/	/

注：1. 相关标准见《绿色食品　肥料使用准则》（NY/T 394）。
　　2. 该表应根据不同作物名称依次填写。
　　3. 该表包括有机—无机复混肥使用情况。

七　病虫草害农业、物理和生物防治措施

当地常见病虫草害	基地生态环境良好，玉米基地病害轻微，虫害有极少的蚜虫，通过有效的预防措施，没有造成危害
简述减少病虫草害发生的生态及农业措施	选用抗病力强的品种；适期播种，合理密植，科学管理
采用何种物理防治措施？请具体描述防治方法和防治对象	悬挂杀虫灯
采用何种生物防治措施？请具体描述防治方法和防治对象	未采用生物防治

注：若有间作或套作作物，请同时填写其病虫草害防治措施。

八　病虫草害防治农药使用情况

作物名称	农药名称	防治对象
玉米	苏云金杆菌	玉米螟

注：1. 相关标准见《农药合理使用准则》（GB/T 8321）和《绿色食品　农药使用准则》（NY/T 393）。
　　2. 若有间作或套作作物，请同时填写其病虫草害农药使用情况。
　　3. 该表应根据不同作物名称依次填写。

九　灌溉情况

作物名称	是否灌溉	灌溉水来源	灌溉方式	全年灌溉用水量（吨／亩）
玉米	是	地下水	地面沟灌	30

十　收获后处理及初加工

收获时间	7月中旬
收获后是否有清洁过程？请描述方法	无
收获后是否对产品进行挑选、分级？请描述方法	否
收获后是否有干燥过程？请描述方法	否
收获后是否采取保鲜措施？请描述方法	否
收获后是否需要进行其他预处理？请描述过程	切碎
使用何种包装材料？包装方式？	无
仓储时采取何种措施防虫、防鼠、防潮？	仓库大门设有挡鼠板，仓库内配置隔湿垫板
请说明如何防止绿色食品与非绿色食品混淆？	专用仓库

十一　废弃物处理及环境保护措施

投入品的包装袋使用后集中存放并回收处理，生活垃圾每日清理

填表人（签字）：张力　　　内检员（签字）：刘全

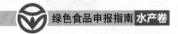

（二）质量管理控制规范编制范例

绿色食品质量管理控制规范范例如下。其内容仅供参考，申请人应根据本企业实际情况编制相应的质量控制规范并遵照执行。

黑龙江 × × 水产养殖专业合作社

绿色食品质量管理控制规范

编制日期	2020-9-1	编制人	张力
发布日期	2021-6-1	审核人	王墨

1 发布令

发布令

为保证本合作社养殖虹鳟鱼符合绿色食品相关标准的要求，依据《中华人民共和国食品安全法》《中华人民共和国产品质量法》《绿色食品标志管理办法》等要求及本合作社生产实际编制《绿色食品质量管理规范》，现予批准发布。

本规范于2021年6月1日颁布并生效实施。

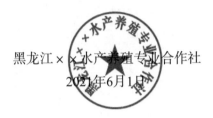

黑龙江××水产养殖专业合作社

2021年6月1日

2 任命书

任命书

根据《绿色食品企业内部检查员管理办法》，为保证合作社《绿色食品质量管理规范》的有效运行，现任命刘全为本合作社的绿色食品内部检查员（简称内检员），其职责如下。

（1）宣传贯彻绿色食品有关法律法规、技术标准及制度规范等。

（2）落实绿色食品全程质量控制措施，参与制定合作社绿色食品质量管理体系、生产技术规程，协调、指导、检查和监督绿色食品原料采购、基地建设、投入品使用、产品检验、标志使用、广告宣传等工作。

（3）指导合作社建立绿色食品生产、加工、运输和销售记录档案，配合各级绿色食品工作机构开展绿色食品现场检查和监督管理工作。

（4）负责合作社绿色食品相关数据及信息的汇总、统计、编制及报送等工作。

（5）承担合作社绿色食品申报、续展、企业年检等工作，负责绿色食品证书和《绿色食品标志商标使用许可合同》的管理。

（6）组织开展绿色食品质量内部检查及改进工作；开展对合作社社员有关绿色食品知识的培训。

（7）负责合作社绿色食品的其他有关工作。

黑龙江××水产养殖专业合作社
2021年6月1日

3　组织管理

合作社组织管理机构如图所示。

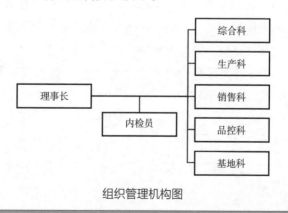

组织管理机构图

4 岗位职责

4.1 理事长

全面负责合作社的生产经营与管理工作，对绿色食品的质量负责。

建立健全绿色食品管理制度，确定组织机构和职责。

负责绿色食品质量管理体系的建立、改进、完善，确保质量体系运行所需人、财、物等资源。

负责绿色食品质量管理规范和生产操作规程的批准和实施。

确保产品质量和安全，保证安全生产、文明生产、文明经营。

批准合作社有关技术、标准、工艺及管理等文件。

定期召开有关会议，协调好各部门工作，听取社员改进工作的合理化建议并组织实施，指导、检查、监督、考核各部门工作完成情况。

4.2 内检员

宣传贯彻绿色食品有关法律法规、技术标准及制度规范等。

落实绿色食品全程质量控制措施，参与制定合作社绿色食品质量管理体系、生产技术规程，协调、指导、检查和监督绿色食品原料采购、基地建设、投入品使用、产品检验、标志使用、广告宣传等工作。

指导合作社建立绿色食品生产、加工、运输和销售记录档案，配合各级绿色食品工作机构开展绿色食品现场检查和监督管理工作。

负责合作社绿色食品相关数据及信息的汇总、统计、编制及报送等工作。

承担合作社绿色食品申报、续展、企业年检等工作，负责绿色食品证书和《绿色食品标志商标使用许可合同》的管理。

组织开展绿色食品质量内部检查及改进工作；对合作社社员开展有关绿色食品知识的培训。

负责合作社绿色食品的其他有关工作。

4.3　综合科

负责绿色食品档案和相关资料文件管理。

负责生产基地投入品采购。

负责合作社文件控制与管理，外来文书收发处理以及办公用品的管理。

负责对质量成本进行核算，协助生产部核算成本，提供必要的生产经费。

负责合作社人事、文件及各类档案资料的管理。包括生产、销售人员卫生健康证办理，社员体检，档案建立。

汇总各部门上报数据并进行统计分析，及时报合作社理事会决策。

负责编制年度、季度、月度生产成本报告。

汇总生产经营情况、资产动态、营业收入和费用开支的资料，定期组织财务成本分析，制定节能降耗措施。

4.4　生产科

负责生产部门劳动考勤、安全、卫生、生产设备管理、岗位调度及日常生产管理，日常工作文件管理。

组织合作社社员学习生产业务，提高生产员工的生产技能水平。

负责生产管理工作，认真贯彻生产各项规章管理制度，对生产产品的质量负责。

组织、协调、监督生产计划的执行及工作安排，监督生产进度，保证生产任务保质保量完成。

负责生产所需物料和产品的领用及损耗控制。

负责产品生产有关原辅料的调度使用和组织生产，贯彻节能降耗措施。

负责生产部门的产品质量和生产过程的检查、考核。

负责对设备进行维护、保养和管理，严格按照设备生产操作规程执行。

4.5　基地科

负责绿色食品生产技术操作规程的具体组织实施，指导生产人员按照生产技术规程和相关制度进行科学养殖。

负责拟定生产布局、生产计划、基地建设，按照绿色食品产地环境和绿色食品生产标准、规范和要求，以及绿色食品生产技术操作规程组织生产管理、预防治疗疾病等。

负责绿色食品生产基地建设，以及产品生产标准、规范与要求的具体实施和监督。

负责管理基地环境卫生，调查有害生物发生状况及趋势。

负责养殖技术培训，负责生产记录、档案的整理保管。

4.6　销售科

负责采购计划的制定和市场行情的调查分析。

负责商品的质量管理。

负责生产所需原料、辅料、包装物以及各种生产用工装器具采购供应。

负责制订产品推广营销方案并组织实施。

负责入库的有关原材料、辅料、包装材料的库房保存及安全。

负责向合作社有关部门提供供应商资质及证明，建立供应商档案并对其进行评审。

4.7 品控科

负责办理与质量有关的对外联系工作。

认真贯彻绿色食品生产管理有关法律法规及合作社生产规章管理制度。

负责在产品的质量方面独立行使质量否决权，不受合作社任何部门及人员的影响。

组织培训，提高合作社员工的质量意识以及生产、基地部门人员技能水平。

负责组织编制、修订、审评合作社产品质量有关技术、标准、工艺及管理文件，经合作社批准后组织贯彻、实施。

负责养殖水产品质量方面的日常管理工作。

负责安排、协调、组织合作社原材料、半成品、产品的质量检验、评审工作，对出现不合格问题进行处理或组织合作社有关部门会同评审，提出评审意见。

5 绿色食品培训管理制度

5.1 培训地点：合作社会议室定期培训；基地现场培训并指导；到外地养殖基地考察学习；参加省内外各种农产品技术培训班。

5.2 定期培训：充分利用空闲季节，有组织有计划地集中培训。

5.3 培训对象：基地责任人、技术人员及生产人员。

5.4 培训内容：由绿色食品内检员负责培训合作社社员。学习《绿色食品标志管理办法》等法规，熟悉国家有关质量管理的规定，学习《绿色食品　产地环境质量》（NY/T 391）、《绿色食品　饲料及饲料添加剂使用准则》（NY/T 471）、《绿色食品　渔药使用准则》（NY/T 755）、《绿色食品　肥料使用准则》（NY/T 394）、《绿色食品　农药使用准则》（NY/T 393）、《绿色食品　兽药使用准则》（NY/T 472）、《绿色食品　储藏运输准则》（NY/T 1056）等标准，了解生产管理记录、收获记录、仓储记录、销售记录等内容。

5.5 培训要求：培训期间基地责任人、具体工作人员和合作社社员必须准时参加，认真听讲，掌握培训内容。

6 绿色食品产品质量内控措施

6.1 养殖基地按照区域划分，每个区域有专门的基地负责人，具体承担养殖基地的技术指导和生产管理工作。

6.2 基地依托中国水产研究院黑龙江水产研究所对虹鳟养殖进行全程的技术指导、培训、生产监督，以确保基地严格按照《绿色食品　虹鳟养殖技术规程》开展生产。

6.3 每个养殖区域配备一定数量的专职人员，按照绿色食品技术标准制定统一的生产技术规程，并下发到每个养殖户。

6.4 聘请身体健康、高中以上文化、经过技术培训并取得相关证书、熟悉和热爱渔业生产、有责任心的技术员，作为养殖基地的质量监督管理员，负责基地的生产管理、协调、全程质量控制。具体按照"统一优良品种，统一生产技术规程，统一投入品供应和使用，统一养殖管理，统一收获"等生产管理制度严格执行。

6.5 建立统一的生产过程管理，养殖基地的生产管理记录在生产结束后 15 日内提交综合科存档并完整保存 3 年。

7　绿色食品内部检查体系

7.1　目的：为了评审合作社的绿色食品是否切实符合绿色食品标准和申报要求，质量体系能否保证质量方针的有效实现，对绿色食品生产企业的内部检查提出控制要求，建立并保持内部检查程序。

通过建立内部检查，验证绿色食品生产和质量管理体系是否符合绿色食品管理的要求，是否得到有效实施和保持，寻找改进机会，提高体系的符合性和有效性。

7.2　适用范围：适用于本合作社绿色食品生产质量管理体系内部检查的活动。

7.3　职责：理事会批准本合作社年度内部检查计划。内检员策划检查方案。内检员实施现场内部检查。各部门配合检查组做好内部检查工作，并对检查中发现的不符合项采取纠正措施。

7.4　程序

7.4.1　年度检查方案策划

每年年初，内检员根据本合作社管理体系现状、拟检查的过程、区域状况和重要程度，并考虑以往检查的结果，对检查方案进行策划，其中包括检查的准则、范围、频次和方法。

检查采用集中检查的方式进行。

遇有如下情况，可组织特殊追加的内部检查：①由市场调研与服务信息反馈，认为有必要时。②即将进行第二方、第三方检查，或法规变更时。③发生严重问题，或有严重投诉时。④组织结构、绿色食品管理方针、目标等发生重大改变时。

特殊追加内部检查，由绿色食品质量管理负责人向合作社请示，经理事会同意后，由内检员编制《内部检查计划》确定检查范围与日期，经理事会批准后，组织实施。

7.4.2 检查准备

7.4.2.1 理事会任命一名具有资格的内部检查员。

7.4.2.2 根据年度检查方案，编制《内部检查记录表》，确保检查过程的客观性和公正性。

7.4.2.3 《内部检查记录表》经理事会批准后，提前通知受检查部门负责人。受检查部门如果对日程有异议，可在两天之内通知内部检查员，经过协商可以再行安排。

7.4.2.4 内部检查员认真学习有关文件（如绿色食品生产质量管理规范、有关法律和其他要求等），了解受检查部门的具体情况后，根据所分配的任务编制《内部检查记录表》。

7.4.3 检查实施

7.4.3.1 见面会

（1）检查开始前由内部检查员主持召开见面会议，介绍检查目的、范围、依据、方式、检查组成员、检查日程安排、结束会的日期和时间，以及其他有关事项。要说明检查是一个抽样过程，有一定的局限性，但检查尽可能取得具有代表性的样本，使检查结论合理、正确。

（2）参加会议人员：理事长、监事长、绿色食品生产管理者、受检查部门的负责人、检查组成员。与会者签到。

7.4.3.2 现场检查

（1）收集检查证据要以客观事实为基础，以检查准则为依据，作出公正的判断。

（2）检查员根据《内部检查记录表》，通过交谈、查阅文件和记录、现场观察有关方面的工作状况，对受检部门的程序和文件执行情况进行现场检查，收集检查证据。如发现重大的可能导致不合格的线索，要进行调查并记录。对于面谈获得的信息要通过实际观察、测量和记录等其他渠道予以验证。

7.4.3.3 结束会

（1）在现场检查结束后，由内部检查员主持召开末次会议：内部检查员负责向受检查部门介绍检查结果，宣读不符合项报告；内部检查员提出检查结论和建议，并商谈纠正措施，商定纠正措施的完成日期，以及跟踪验证等事宜。

（2）参加人员：理事长、监事长、绿色食品生产管理者、受检查部门的负责人、检查组成员。与会者签到。

7.4.4 检查报告

末次会议结束后，由内部检查员编制"内部检查报告"，报送理事会批准后，提交综合科按受控文件发放给监事会、绿色食品生产管理者、受检查部门。

7.4.5 纠正措施的实施和跟踪验证

7.4.5.1 受检查部门接到不符合项报告，立即分析原因并制定出相应的纠正措施，提交检查员确认、绿色食品生产质量管理负责人批准后，予以实施。

7.4.5.2 检查员对纠正措施实施情况进行跟踪，如发现问题要及时向绿色食品生产管理者报告，确保及时采取措施，以消除已发现的不符合项。

7.4.5.3 纠正措施实施完成后，检查员对措施实施情况进行验证。验证内容包括：纠正措施是否按规定日期完成；各项具体措施是否都已完成；完成后的效果；实施纠正措施时是否按要求记录。

7.4.5.4 经验证,确认纠正措施已完成,检查员要在"不符合项报告"的跟踪验证栏目中记录验证结果并签名。

7.4.6 内部检查中产生的全部记录由内部检查员移交综合科按照记录控制要求进行管理。

8 绿色食品文件和记录管理体系

8.1 目的:绿色食品生产活动必须以文字资料的形式记录下来并保存。记录清晰准确,作为绿色食品生产的有效证据至少保存 3 年。

8.2 适用范围:本程序适用于合作社绿色食品生产质量管理体系运行的所有记录的控制。

8.3 职责

8.3.1 综合科负责对绿色食品生产质量管理体系运行进行记录控制,并负责记录表格的备案、编号、标识,以及对各部门移交的记录进行储存、保护、检索和处置。

8.3.2 各部门负责本部门记录的填写、收集整理、标识、保存,按规定时间移交综合科管理和处置。

8.4 内容要求

8.4.1 文档记录的建立

8.4.1.1 各相关部门根据自身工作特点设计相关记录表格并实施相关记录。

8.4.1.2 建立原则:保证有足够的信息,包括证明性文件、报告、表格、清单以及其他类型的记录形式,证明绿色食品生产的各个阶段都能达到规定的要求。

8.4.2 文档记录的要求:填写完整、字迹清晰、分门别类、便于查询。各部门负责人组织填写好记录,交给综合科保管,防止破损、丢失。

8.5　程序

8.5.1　记录的分级管理

8.5.1.1　综合科负责本合作社所有记录的管理，并做好本部门的记录，对各部门移交来的记录做好标识、保存、检索和处置工作。

8.5.1.2　各部门负责本部门的记录的设计、填写、标识、保存、检索，按规定时间将所记录移交综合科管理和处置。

8.5.2　记录填写

8.5.2.1　记录用钢笔或圆珠笔填写，填写及时、内容完整、字迹清晰，不得随意涂改；如因某种原因不能填写的项目，说明理由，并将该项用单杠线划去；各相关栏目负责人签名不允许空白。

8.5.2.2　出于笔误需要更改的内容，可划改。涉及检测数据的更改，还要在划改处签上更改者姓名。

8.5.3　记录的收集、整理、保存

8.5.3.1　各部门负责将本部门的所有记录分类收集，按日期顺序整理好（量大的记录按月装订成册），便于检索。

8.5.3.2　记录保存于通风、干燥的地方，并做好防火、防虫蛀工作。

8.5.3.3　各部门按规定的期限保管记录，保证记录在保管期内不丢失、不损坏。

8.5.4　记录的保存期限和归档

8.5.4.1　记录保存期由各部门根据实际需要而定，一般不少于3年。

8.5.4.2　各部门于翌年年初将上年记录统一提交综合科归档保存。

8.5.5　记录的查阅、借阅

8.5.5.1　已归档的记录，需要查阅、借阅时，须经综合科负责人同意。

8.5.5.2　所有的记录不外借。

8.5.6 记录的销毁

对于记录超期或无查考价值的记录，由综合科征求有关部门意见后予以销毁。

8.5.7 记录格式的设计和更改

8.5.7.1 各部门的记录格式，由综合科统一设计。记录须做到规范、合理、简练、明确，记录的内容能准确反映产品、活动或服务的真实情况，具备可追溯性。

8.5.7.2 各部门根据实际工作需要对不适用的表格格式可提出修改意见，由综合科集中报理事会批准后修改。

9 绿色食品产地环境保护制度

为确保合作社养殖基地环境符合绿色食品标准要求，特制定本制度。

9.1 树立基地生产标识牌，明确相关信息，禁止向生产基地排放废水、废气、固体废物或其他有毒有害物质。

9.2 建立绿色食品生产基地产地档案，对产地实行动态管理，包括编制基地图，检测水源和环境，监控产地污染、周边环境变化、气候影响及洪涝等。

9.3 制定科学合理的养殖生产计划，坚持绿色生态理念，投入品严格按照《绿色食品　饲料及饲料添加剂使用准则》（NY/T 471）、《绿色食品　渔药使用准则》（NY/T 755）、《绿色食品　肥料使用准则》（NY/T 394）、《绿色食品　农药使用准则》（NY/T 393）、《绿色食品　兽药使用准则》（NY/T 472）执行。

9.4 及时收集生产基地的废弃投入品袋、生产垃圾、病死水产品等，防止在生产过程中对环境造成破坏。

9.5 加大生产环境污染监控，积极配合上级有关部门对农业生态环境进行检测。

10 绿色食品投入品使用管理制度

10.1 建立绿色食品生产资料准入制度，提供质量符合相关标准要求的优良品种及生产资料。

10.2 严格遵循绿色食品生产管理规定要求，使用符合《绿色食品 饲料及饲料添加剂使用准则》（NY/T 471）、《绿色食品 渔药使用准则》（NY/T 755）、《绿色食品 肥料使用准则》（NY/T 394）、《绿色食品 农药使用准则》（NY/T 393）、《绿色食品 兽药使用准则》（NY/T 472）要求的投入品，基地在醒目位置张贴允许使用投入品目录及相关信息。

10.3 禁止使用国家法律法规及《绿色食品 饲料及饲料添加剂使用准则》（NY/T 471）、《绿色食品 渔药使用准则》（NY/T 755）、《绿色食品 肥料使用准则》（NY/T 394）、《绿色食品 农药使用准则》（NY/T 393）、《绿色食品 兽药使用准则》（NY/T 472）等标准要求中不允许使用的投入品。

10.4 建立监督检查制度。内检员每年必须至少2次对基地生产中投入品进行监督检查和抽查，保证基地使用投入品符合绿色食品要求。

10.5 投入品使用后的包装袋、瓶、箱等集中回收，统一处理，以防止造成二次污染。

11 绿色食品养殖过程管理制度

11.1 严格按照《绿色食品 虹鳟鱼养殖技术规程》生产，建立生产档案。生产人员和技术人员要各司其职、各负其责，保证技术操作规程和措施落实到位。

11.2 养殖使用的苗种应遵守国家苗种养殖规程。

11.3 所放养的苗种须经检疫、检测合格，保证苗种体质健壮、规格整齐，符合相关质量要求。

11.4 负责任地填写水产养殖生产记录表，记录养殖品种、引进时间、苗种来源、生产情况、无害化处理、销售记录等。

11.5 销售养殖的水产品应当符合国家的有关标准，不符合标准的产品应当进行无害化处理。

12　绿色食品捕捞及运输管理

12.1 捕捞管理：当养殖周期达到 2 龄以上，单体不小于 1 千克就可以收获。全部采用人工捕捞，并注意规范操作，防止水产品应激。若有渔药使用，应在停药期后开展产品捕捞收获，其药物残留不得超过国家相关法律法规及《绿色食品　鱼》（NY/T 842）的规定。对于不符合要求的水产品，不予上市并追查原因。

12.2 运输管理：水产品运输应符合卫生要求，保持冷藏设施、供水系统、制冰设备、运输工具等与产品接触表面的清洁和卫生，防止水产品受污染。装车和运输途中都应避免污染，运送的时间也尽量要短。运输过程中不得暴晒、雨淋、冰冻，不得与有毒、有害、有腐蚀性、易挥发或有异味的物品混装运输。

13　绿色食品饲料原料玉米种植管理制度

为保证种植基地严格按绿色食品要求进行生产，实行规范化管理，特制定如下制度。

13.1 加强生产投入品的供应管理。基地生产所用的肥料由合作社统一组织采购供应，技术人员对基地的施肥及病虫害防治进行全程技术指导和监督。

13.1.1 严禁购买、使用高毒高残留农药，严格按照《绿色食品农药使用准则》（NY/T 393）购买农药品种，能不用农药就不使用农药。

13.1.2 玉米生产基地施肥要尽量使用有机肥，农家肥一定要使用已经发酵的腐熟农家肥。所施用肥料按照《绿色食品　肥料使用准则》（NY/T 394）执行。

13.1.3 农业投入品的采购必须选择资质合格的供货单位，统一采购，统一使用。每次购买必须有详细的入库记录，投入品的使用严格按照生产技术规程，投入品的发放使用必须做好严格的出库记录。

13.1.4 农业投入品专人专管，严格遵守规定，不得出现任何投入品安全事故。

13.2 加强其他生产技术管理。一是制定生产技术操作规程。二是定期对技术人员开展培训。

13.3 认真开展生产基地的环境保护。组织人员植树种草，增加绿色植被，减少水土流失，增加生物多样性，确保生态平衡，减少农业病虫害发生。禁止在基地周围建设有污染的工业项目，防止工业"三废"污染基地环境。

13.4 收获。待收获时，用收割机将玉米收割后用拖车运走。不能提前或者推后收获。

14　绿色食品标志使用管理制度

14.1 在绿色食品证书有效期内，在获证产品及其包装、标签、说明书上使用绿色食品标志。

14.2 在绿色食品证书有效期内，在获证产品的广告宣传、展览展销等市场营销活动中使用绿色食品标志。

14.3 严格执行绿色食品标准，保持绿色食品产地环境和产品质量稳定可靠。

14.4 遵守标志使用合同及相关规定，规范使用绿色食品标志。

14.5 积极配合县级以上人民政府农业行政主管部门的监督检查及其所属绿色食品工作机构的跟踪检查。

14.6 禁止将绿色食品标志用于非许可产品及其经营性活动。

14.7 在证书有效期内，企业名称、产品名称、产品商标等发生变化的，及时申请办理变更手续。

14.8 绿色食品证书到期前 3 个月，提出续展申请。

15 绿色食品可追溯体系

15.1 目的：为了使合作社生产出来的绿色食品具有可追溯性，通过建立生产批号系统进行绿色食品生产全过程记录，以实现绿色食品生产、运输到销售的全过程跟踪。

15.2 适用范围：适用于合作社绿色食品生产全程跟踪所有记录的控制。

15.3 内容要求

15.3.1 绿色食品生产必须保存生产、收获、运输、储存、销售全过程完整的文档记录，并附其他的证明性材料，如购买生产资料的发票、标签和证书复印件等。

15.3.2 为了进行绿色食品跟踪审查，要建立统一的生产批号。

15.3.3 内检员必须定期进行跟踪检查并做好内部检查记录。

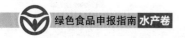

15.3.4 记录至少保存 3 年，以备审查。

16 绿色食品仓库卫生管理制度

16.1 仓库经常开窗通风，定期清扫，保持干燥。避免阳光直接射入，保持适宜温度和湿度。及时维护破损的隔离板、存放台、货架。

16.2 产品分类、分架并离地离墙 10 厘米存放，各类产品有明显标志，产品不得与药品、杂物等混放。

16.3 仓库必须做到卫生整洁，无霉斑、无鼠迹、无苍蝇、无蟑螂，仓库内通风良好，摆列整齐，不存放有毒、有害物品及个人生活用品。

16.4 每周检查一次库房的防虫、防尘、防鼠、防潮、防霉和通风设施，保证运转正常。

16.5 每周检查一次库房的产品，及时发现、清理变质或过期等其他不符合卫生要求的产品。

16.6 产品出入库做到勤进勤出，掌握产品的进出库状态，做到先进先出，尽量缩短储存时间。

17 绿色食品客户申投诉处理管理制度

17.1 目的：实现合作社质量方针，完善合作社质量管理，提高客户信赖度，与顾客进行充分的沟通，使顾客的申、投诉得到满意的答复，充分收集并分析顾客反馈信息以持续改进。

17.2 适用范围：适用于合作社绿色食品的顾客申诉和投诉的处理。

17.3 职责：销售科负责与顾客沟通，接受顾客的投诉并及时处理。有关部门配合销售科解决用户申诉与投诉的各类问题。

17.4 工作程序

销售科接受顾客的来电、来函、来访。核实用户意见和投诉，将记录表复印报综合科备案。

销售科在接到绿色食品质量投诉，尤其是涉及产品安全的投诉时，在确认事实报理事会批准后可对该批次产品实施紧急召回，并赔偿损失。

销售科认真对待顾客的申诉与投诉，及时解决。根据不同情况采取相应的赔偿、道歉或其他措施，直至顾客满意。

当顾客对绿色食品投诉问题严重或影响较大时，分析原因，采取纠正措施，并验证其有效性。

销售科在规定时限内将处理结果书面传达给客户或消费者。

销售科每年有计划地选定主要顾客收集满意度信息，其方式可为走访、电话采访等，了解顾客的要求以及其对产品质量、服务质量的反映。

执行本程序所形成和涉及的质量记录由综合科保管。

18 绿色食品持续改进体系

18.1 目的：为实现和不断提高绿色食品生产管理体系的有效性和效率，采取有效的措施和方法，持续追求对绿色食品生产管理体系的改进，特制定本制度。

18.2 使用范围：适用于合作社绿色食品生产管理体系各具体过程需要改进时。

18.3 工作内容

18.3.1 综合科通过开展绿色食品生产管理体系文件的贯彻、审核、数据分析、纠正、管理评审等，积极寻找绿色食品生产管理体系持续改进的机会（如技术改造、工艺优化、资源配置、环境质量的改善、记录跟踪体系等），确定需求，组织相关部门制定改进计划报理事会审核，理事长批准后，予以实施。

18.3.2 对于存在的不合格情况及时采取纠正措施，以消除不合格原因，防止不合格情况再发生。

18.3.3 不合格的识别

18.3.3.1 对绿色食品生产管理体系各具体过程输出的信息进行识别，包括：①过程、产品质量安全出现重大问题，或超过合作社规定值。②管理评审发现不合格。③相关方对产品质量有合理抱怨或投诉。④内部检查发现不合格。⑤认证机构检查发现不合格。⑥出现重大质量事故。⑦供方产品或服务出现严重不合格。⑧其他不符合绿色食品生产管理体系文件要求的情况。

18.3.3.2 对潜在不合格的识别，各相关部门要重点分析如下信息：①供方供货质量统计、产品质量统计、市场分析、顾客满意程度调查和过程运行的趋势等。②以往的内部检查报告、管理评审报告、认证机构检查报告。③纠正、预防、改进措施执行记录等。

18.3.4 及时了解体系运行的有效性、顾客的要求和期望，并在日常对体系运作的检查和监督过程中，及时收集分析各方面的反馈信息。

18.3.5 可采用统计技术或试验的方法分析原因、制定措施并实施验证。

18.3.6 预防措施：及时识别潜在的不合格，并采取预防措施，以消除潜在不合格的原因，防止不合格发生，并对相关文件进行更改。

18.3.7 重要的改进、纠正和预防措施的记录作为下次管理评审的输入项之一。

（三）生产操作规程编制范例

1. 养殖生产操作规程

养殖生产操作规程编制范例如下。其内容仅供参考，申请人应根据本企业实际情况编制相应的生产操作规程并遵照执行。

黑龙江××水产养殖专业合作社
绿色食品　虹鳟养殖生产操作规程

1　范围

本规程规定了绿色食品虹鳟养殖的产地环境、池塘条件、水质管理、苗种放养、饲料及投喂、常见病害防治、收获、包装、储存和运输、尾水及废弃物处理、日常管理等各个环节应遵循的准则和要求。

2　规范性引用文件

下列文件中的内容通过文中的规范性引用而构成本文件必不可少的条款。其中，注日期的引用文件，仅注日期的版本适用于本文件；不注日期的引用文件，其最新版本（包括所有的修改单）适用于本文件。

GB 11607　渔业水质标准

GB/T 20014.13—2013　良好农业规范　第13部分：水产养殖基础控制点与符合性规范

NY/T 391　绿色食品　产地环境质量

NY/T 471　绿色食品　饲料及饲料添加剂使用准则

NY/T 755　绿色食品　渔药使用准则

NY/T 842　绿色食品　鱼

NY/T 3616　水产养殖场建设规范

SC/T 1137　淡水养殖水质调节用微生物制剂质量与使用原则

SC/T 9101　淡水池塘养殖水排放要求

SC 1036　虹鳟

SC/T 1030　虹鳟养殖技术规范

水产养殖质量安全管理规定（农业部〔2003〕第31号令）

病死及病害动物无害化处理技术规范（农医发〔2017〕25号）

3　养殖产地环境

应符合GB 11607、NY/T 391、NY/T 3616的规定。周边无对养殖环境造成威胁的污染源，交通便利，电力充足。

4　养殖池条件

4.1　养殖池：长方形，池堤坚固，塘底平坦、不渗漏；池底进水处至排水处坡降比为0.8%，以并联排列为宜。

孵化池、仔鱼池、稚鱼池面积2～6米^2，水深30～60厘米；鱼种池面积15～30米^2，水深60～80厘米；成鱼池面积100～160米^2，水深100～150厘米。

4.2　尾水处理池：采用循环用水方式，养成池的水排出后，应先进入处理池，经过净化处理后，再进入蓄水池。不采用循环用水，养成后的尾水，也应经处理池净化后，按照SC/T 9101要求达标排放。

4.3 养殖池设施：注水闸门设置两道，第一道控制进水量，第二道为拦鱼栅。排水闸门的过水断面较大，一般占池宽的 3/4，排水闸门设置 3 道闸，第一道为拦鱼栅，栅格规格依鱼体大小确定，通常 6 ~ 15 毫米，第二道为排水闸，控制底部 15 ~ 20 厘米高度排水，以利于底部沉淀物的排出，第三道为水位控制闸。

5 养殖水质管理

水质优良、水量稳定、水源充足、水体流动、排灌方便。pH值6.5 ~ 6.8，溶氧应高于8毫克/升，周年水温应低于22℃。

每池注水量不低于50升/秒，流速2 ~ 16厘米/秒，池水交换2.5次/小时。

苗种放养前，使用消毒剂清塘，常用清塘药物及方法见表1。药物的使用应符合NY/T 755规定。

表 1　常用清塘药物及方法

药物	清塘方法	用量（千克/亩）	使用方法	毒性消失时间
生石灰	干法清塘	60 ~ 75	排出塘水，倒入生石灰溶化，趁热全池泼洒。第二天翻动底泥，3 ~ 5 天后注入新水	7 ~ 10 天
	带水清塘	125 ~ 150	排除部分水，将生石灰化开成浆液，趁热全池泼洒	
含氯石灰（有效氯≥25%）	干法清塘	1	干塘后将含氯石灰加水溶化，拌成糊状，然后稀释，全池泼洒	4 ~ 5 天
	带水清塘	13 ~ 13.5	将含氯石灰溶化后稀释，全池泼洒	

6 养殖管理

6.1 鱼种质量：选择水产新品种审定委员会认定的虹鳟品种。苗种应规格整齐、体色正常、体质健壮、活力强，经检疫合格。其余应符合 NY/T 842 的要求。

6.2 养殖模式：根据 NY/T 842 的要求，养殖模式应采用健康养殖、生态养殖方式。

6.3 稚鱼培育：卵从受精至孵出所需时间因水温而异，通常需 345 个累计度日。受精卵孵化最适水温 7 ~ 9℃，经 30 ~ 50 天孵化成仔鱼。投喂饲料应符合 NY/T 471 规定，饲料中粗蛋白 48% ~ 52%，粗脂肪 4% ~ 15%，粗纤维 1% ~ 2.5%，粗灰分 10% ~ 16%，水分 8% ~ 12%，日投喂量占体重 8% ~ 10%，饲料粒径随鱼体长控制在 1.05 ~ 1.5 毫米。养殖 30 天左右，进入稚鱼阶段，应控制养殖密度为 3 000 ~ 5 000 尾 / 米^2，饲料日投喂量占体重的 6% ~ 8%，每日投喂 4 ~ 6 次。随稚鱼生长，应根据鱼体规格定期调整分池饲养，每日排污清除池底残饵、粪便等，保持良好的养殖环境，水温应控制在 12 ~ 15℃。

6.4 稚鱼放养：放养密度一般为 1 500 ~ 2 000 尾 / 米^2，随个体生长，养殖密度逐渐过渡至 500 ~ 1 000 尾 / 米^2。投喂饲料应符合 NY/T 471 规定，饲料中粗蛋白 45% 以上，粗脂肪 10% 以上，投喂次数逐渐减至 3 ~ 4 次 / 日，日投喂量逐渐减至体重的 2% ~ 5%，饲料粒径随鱼体长控制在 1.5 ~ 4 毫米。应根据鱼体规格定期调整分池饲养，每日排污清除池底残饵、粪便等，水温应控制在 15 ~ 17℃，水体溶氧量不低于 6 毫克 / 升。

6.5 成鱼养殖：养殖密度以水流量确定，通常为 200 ~ 300 尾 / 米^2，随鱼体生长，养殖密度逐渐过渡到 50 ~ 100 尾 / 米^2。投喂饲料应符合 NY/T 471 规定，饲料中粗蛋白 40% ~ 45%，粗脂肪 6% ~ 16%，粗纤维 2% ~ 5%，粗灰分 5% ~ 13%，水分 8% ~ 12%，日投喂量占体重 2% ~ 5%，每日投喂 2 ~ 3 次。应根据鱼体规格定期调整分池饲养，每日排污清除池底残饵、粪便等，水温应控制在 18 ~ 20℃，水体溶氧量不低于 6 毫克 / 升。

7 饲料管理

7.1 投喂管理：所用饲料应保证新鲜不变质，饲料原料及饲料添加剂应符合 NY/T 471 规定。投喂做到"四定"原则，即定时、定位、定质、定量。日投喂量应根据季节、天气、水质和鱼的摄食强度进行调整。

7.2 饲料加工及储藏：饲料原料粉碎并装入机器制粒，制作过程中特别注意防止污染，绝不能在原料中混入泥土、排泄物、铁丝和木片等异物，也不能让腐败变质的原料混入。饲料原料及成品的储藏设施、周围环境、卫生要求、出入库、堆放等应符合 NY/T 1056 的要求，应有防虫、防鼠、防潮等功能，同时应分别设立专区，防止交叉污染。

8 病害防治

采用无病先防、有病早治、全面预防、积极治疗的原则。彻底清塘消毒、鱼种消毒，调节水质，细心操作，避免鱼体受伤，常见病害防治方法见表2。使用药物应执行 NY/T 755 的标准要求。

表2 虹鳟常见病害防治方法

病害类别	防治方法	使用方法
细菌性烂鳃病	含氯石灰	化浆挂袋，连用4～6天
细菌性肠炎病	大黄五倍子粉	口服，200毫克/（千克·天），连用4～6天
寄生虫病	食盐（氯化钠）	浸浴，3%～5%，1分钟
	阿苯达唑粉（水产用）	拌料，200毫克/（千克·天），连用5～7天
传染性造血器官坏死病	三黄散	拌料，500克/天，连用4～6天
水霉病	食盐（氯化钠）	幼鱼1%食盐浸浴20分钟，成鱼1.5%食盐浸浴30分钟

9 日常管理

9.1 巡塘：每天巡塘不少于两次，宜在清晨观察水色和鱼的动态，及时处理浮头和鱼病。

9.2 水质检测：定时测量水温、溶解氧、pH值、透明度、氨氮、亚硝酸盐、总碱度、总硬度等指标，其中溶解氧、pH值、氨氮、亚硝酸盐、总碱度、总硬度建议采用便携式水质分析仪测定。

9.3 养殖尾水排放及生产废弃物处理：池塘排放养殖水水质应符合SC/T 9101的要求。生产资料包装物使用后当场收集或集中处理，不能引起环境污染。养殖生产粪污及底泥经发酵后作为肥料还田，也可将其收集处理用于其他用途，不得随意排放。病死鱼无害化处理按《病死及病害动物无害化处理技术规范》执行，选用合适的处理方法进行无害化处理，一般推荐选择深埋法处理。

9.4 养殖生产记录：按《水产养殖质量安全管理规定》建立养殖池塘档案，做好全程养殖生产的各项记录。

10 捕捞、检测、包装、运输及储藏

10.1 捕捞：捕捞一般在黎明或清晨进行，操作应细致、熟练、轻快，防治鱼体应激或密集时间过长。

10.2 检测：应严格执行停药期制度，所有上市鱼均应接受检测，品质应符合 NY/T 842 要求。

10.3 包装：包装应符合 NY/T 658 的要求。活鱼可用帆布桶、活鱼箱、尼龙袋充氧等或采用保活设施，运输工具和装载容器表面应光滑、易于清洗与消毒，保持洁净、无污染、无异味；应装于无毒、无味、便于冲洗的鱼箱或保温鱼箱中，确保鱼的鲜度及鱼体的完好。

10.4 运输和储存：按 NY/T 1056 的规定执行。暂养和运输水应符合 GB 11607 及 NY/T 391 的要求。

2. 种植生产操作规程

饲料原料种植生产操作规程编制范例如下。其内容仅供参考，申请人应根据本企业实际情况编制相应的生产操作规程并遵照执行。

黑龙江 ×× 水产养殖专业合作社
绿色食品 饲料玉米种植技术规程

1 范围

本规程规定了绿色食品玉米的产地环境、品种选择、整地、播种、田间管理、采收、生产废弃物的处理、储藏及生产记录档案。

2 规范性引用文件

GB 4404.1 粮食作物种子 第1部分：禾谷类

NY/T 391 绿色食品 产地环境质量

NY/T 393 绿色食品 农药使用准则

NY/T 394 绿色食品 肥料使用准则

NY/T 1056 绿色食品 储藏运输准则

3 产地环境

3.1 环境条件：应符合 NY/T 391 的要求。应选择生态环境良好、无污染的地区，远离工矿区和公路、铁路干线，避开污染源。应与常规生产区域之间设置有效的缓冲带或物理屏障。

3.2 气候条件：≥ 10℃年活动积温宜在 2 100℃以上，年降水量在 350 毫米以上。

3.3 土壤条件：宜选用集中连片、地势平坦、排灌方便、耕层深厚肥沃、理化性状和耕性良好的土壤，pH 值宜在 6.5 ~ 7.5。

4 种子质量

种子质量符合GB 4404.1的规定。纯度不低于98%，净度不低于98%，含水量不高于16%，发芽率90%以上。购买已包衣的种子，其种衣剂选用应符合NY/T 393的规定。

5 种子处理

播种前要进行精选种子，剔除病斑粒、虫蚀粒、破碎粒等不合格种子和杂质。播前10～15天，选择晴朗微风天气，将种子摊在干燥向阳的地面或席上，晾晒2～3天，并经常翻动，白天晾晒、晚上收起。

6 整地

选择地势平坦、耕层深厚、肥力较高、保水保肥性能好、排灌方便的地块。实施以大功率拖拉机配套多功能联合整地机械为载体，以深松为基础，松、翻、耙、压相结合的少（免）耕土壤耕作制。

7 播种

4月中旬至5月上旬，当5～10厘米耕层地温稳定通过7～8℃时，可抢墒播种，并可根据地温、土壤墒情、终霜期等因素的变化适当调整播期。采用65～70厘米标准垄单行或110～140厘米大垄双行（通透）密植等方式种植。依据种子发芽率、种植密度等确定播种量，一般每亩播种量为1.7～2千克。

8 田间管理

8.1 灌溉

灌溉水质应符合NY/T 391要求。采用沟灌方式进行灌溉。

8.2 施肥

应符合NY/T 394的规定。以有机肥为主，化肥为辅。根据土壤供肥能力和土壤养分的平衡状况，以及气候、栽培等因素，进行测土配方平衡施肥，做到氮、磷、钾及中微量元素合理搭配。施用生物有机肥500千克/亩，结合整地撒施或条施夹肥。

8.3 病虫草害防治

坚持"预防为主，综合防治"的植保方针，以农业防治为基础，优先采用物理和生物防治技术，辅以化学防治措施。应使用高效、低毒、低残留农药品种，药剂选择和使用应符合NY/T 393的要求。

选用多抗品种，合理轮作和耕作，合理密植和施肥，精细管理，培育壮苗，清除田间病株、残体等。

利用灯光、性诱捕器、机械捕捉害虫等。玉米螟防治，可在玉米螟成虫羽化初始期，设置杀虫灯或性诱剂加挂在投射式杀虫灯上进行成虫诱杀。黏虫防治，可在成虫发生期，采取杀虫灯、谷（稻）草把、杨树枝把等诱捕成虫和卵。

选用低毒生物农药、释放天敌等措施。可利用赤眼蜂防治玉米螟。在田间玉米螟卵孵化率达到30%时，喷洒16 000国际单位/毫克的苏云金杆菌（Bt）可湿性粉剂50～100克/亩防治玉米螟幼虫，在玉米抽丝期可再次用药。黏虫防治，可在幼虫发生期，提前喷洒苏云金杆菌。

化学防治方案参见下表。

表　玉米常见病害防治方法

防治对象	防治时期	农药名称	使用剂量	施药方法	安全间隔期
玉米螟	玉米螟卵孵化高峰期	200 克 / 升氯虫苯甲酰胺悬浮剂	3 ~ 5 毫升 / 亩	喷雾	21 天
	心叶期	3% 辛硫磷颗粒剂	300 ~ 400 克 / 亩	喇叭口撒施（拌细沙）	每季最多 1 次
黏虫	黏虫发生初期	200 克 / 升氯虫苯甲酰胺悬浮剂	10 ~ 15 毫升 / 亩	喷雾	21 天
蚜虫	播种前	30% 噻虫嗪悬浮种衣剂	333 ~ 700 克 / 100 千克种子	种子包衣	

9　采收

在苞片枯黄变白、松散，籽粒变硬变亮，并呈现本品种固有特征；"乳线"消失；籽粒尖端出现黑色层的完熟后期采收。可采取机械收穗、机械收粒或站秆掰棒。采收后要及时进行晾晒。

10　废弃物处理

生产资料包装物使用后当场收集或集中处理，不能引起环境污染。秸秆还田或捡拾打捆用于堆肥、制作燃料等。

11　储藏

储藏设施、周围环境、卫生要求、出入库、堆放等应符合NY/

T 1056的要求，应有防虫、防鼠、防潮等功能。籽粒含水量要在14%以下。

12 生产记录档案

生产全过程，要建立生产记录档案，包括地块档案和整地、播种、铲趟、灌溉、施肥、病虫草害防治、采收等记录。记录保存期限不少于3年。

（四）基地来源证明材料范例

基地来源证明材料范例如下。其内容仅供参考，申请人根据本企业实际情况提供真实材料。

1. 养殖基地来源

本范例中，申请人提供了水域滩涂养殖证用以证明养殖基地来源（图4-2）。

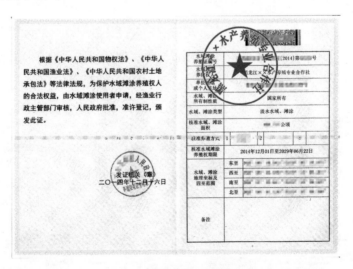

图4-2　水域滩涂养殖证范例

2. 种植基地来源

本范例中，黑龙江××水产养殖专业合作社与15个农户签订了土地流转合同。15个农户的明细信息体现于《土地流转清单》。同时，《土地流转合同》以其中一名农户张红为例（申报时提供不少于2份合同样本）。此外，本范例的申请人还提供了全国绿色食品原料标准化生产基地的相关证书与证明（图4-3和图4-4）。

土地流转清单

序号	姓名	面积（亩）
1	孙虎	8.4
2	张红	7.6
3	刘新	12.0
4	韩亮	7.6
5	张明	6.9
6	张方	10.5
7	张顺	7.8
8	段亮	6.3
9	韩槐	8.2
10	张宝	6.8
11	韩亮	5.8
12	张然	7.3
13	张银	11.4
14	韩海	7.4
15	张连	8.4
合计		122.4

土地流转合同

甲方（发包方）：张红

乙方（承包方）：黑龙江××水产养殖专业合作社

为了规范农村土地承包经营权流转行为，维护流转双方当事人合法权益，促进农业和农村经济发展，根据《中华人民共和国农村土地承包法》《中华人民共和国农村土地承包经营权流转管理办法》等有关法律法规和政策规定，本着自愿互利、公正平等的原则，经甲乙双方协商，订立如下土地承包经营权流转合同。

一、土地承包经营权流转方式

甲方采用承包方式将其承包的土地流转给乙方经营。

二、流转土地用途

乙方不得改变流转土地农业用途，用于非农生产。

三、流转的期限和起止日期

合同双方约定，土地承包经营权流转期从2015年4月1日起，至2036年3月31日止。

四、流转土地的种类、位置、面积、等级

甲方将自有土地7.6亩耕地流转给乙方，该土地坐落于黑龙江省牡丹江市宁安市××村。

五、流转价款及支付方式、时间

合同双方约定，土地流转费用以现金支付。合同期内，乙方承包费用500元/（亩·年），付款方式为一年一付，付款时间为每年的4月1日。

六、甲方的权利和义务

（一）权利：按照合同规定收取土地流转费，按照合同约定到期收回流转的土地。

（二）义务：协助乙方按合同行使土地经营权，不干预乙方正常的生产经营活动。

七、乙方的权利和义务

（一）权利：在受让的土地上，具有生产经营权。

（二）义务：在国家法律、法规和政策允许范围内，从事生产经营活动，按照合同规定按时足额交纳土地流转费，对流转土地不得擅自改变用途，不得使其荒芜，对流转的耕地（荒地、林地等）进行有效保护。

八、合同的变更和解除

有下列情况之一者，本合同可以变更或解除。

（一）经当事人双方协商一致，又不损害国家、集体和个人利益。

（二）订立合同所依据的国家政策发生重大调整和变化。

（三）一方违约，使合同无法履行。

（四）乙方丧失经营能力使合同不能履行。

（五）因不可抗力使合同无法履行。

九、违约责任

（一）甲方非法干预乙方生产经营，擅自变更或解除合同，给乙方造成损失的，由甲方赔偿乙方损失。

（二）乙方违背合同规定，给甲方造成损失的由乙方承担赔偿责任。

（三）乙方有下列情况之一者，甲方有权收回土地经营权：不按合同规定用途使用土地的；荒芜土地、破坏地上附着物的；不按时缴纳土地流转费的。

十、合同纠纷的解决方式

甲乙双方因履行流转合同发生纠纷，先由双方协商解决，协商不成的由村民委员会或乡（镇）人民政府、街道办事处等调解解决。不同意调解或调解无效的，双方协商向县级农村土地承包纠纷仲裁委员会申请仲裁，也可以直接向人民法院起诉。不服仲裁决定的，可在收到裁决书之日起30日内向人民法院起诉。

十一、其他约定事项

（一）本合同一式三份，甲方、乙方及乡镇农村土地承包合同管理机构各执一份。自甲乙双方签字或盖章之日起生效。如果是耕地转让合同或专业生产经营项目流转合同，应以原发包方同意之日起生效。

（二）本合同未尽事宜，由甲乙双方共同协商，达成一致意见，形成书面补充协议。补充协议与本合同具有同等法律效力。

甲方（发包方）签字： 张 红　　乙方（承包方）签字（盖章）：王瑶

签字日期：2015年3月31日　　　签字日期：2015年3月31日

图 4-3　全国绿色食品原料标准化生产基地证书范例

证　明

　　黑龙江××水产养殖专业合作社位于黑龙江省牡丹江市宁安市××村的玉米种植基地，面积122.4亩，位属宁安市全国绿色食品原料（玉米）标准化生产基地范围内。

　　特此证明！

宁安市全国绿色食品原料标准化生产基地领导小组办公室
宁安市人民政府
宁安市农业农村局

2023年3月1日

图 4-4　全国绿色食品原料标准化生产基地的证明范例

（五）原料来源证明材料范例

原料来源证明材料范例如下。其内容仅供参考，申请人应根据本企业实际情况提供真实材料。

1. 饲料原料订购合同及来源证明

饲料原料订购合同范例如下，包括养殖中使用的全部饲料与饲料添加剂。同时，附有饲料生产许可证（图4-5）、饲料产品包装标签（图4-6）、饲料的绿色食品证书（图4-7和图4-8）。

鱼粉订购合同

购买方（以下简称为甲方）：<u>黑龙江××水产养殖专业合作社</u>
供应方（以下简称为乙方）：<u>××饲料厂</u>

根据《中华人民共和国合同法》及相关法律规定，双方就鱼粉供应配送事宜经共同协商，达成以下协议。

一、乙方为甲方提供鱼粉供应配送。供货期限自2021年1月1日至2030年12月31日，在合作期间双方应本着自愿、公平、互惠互利的原则合作。

二、乙方每年为甲方提供鱼粉150吨，价格以市场行情为准。乙方一次性交付甲方保证金5 000元人民币。

三、质量要求：产品为乙方生产的××鱼粉（执行标准：GB/T 19164），且产品质量合格，无混杂物，无发霉变黑。否则甲方有权拒收或拒付货款。

四、由乙方运送到甲方养殖场，经甲方验收后过磅交货。

五、付款方式：每月5日之前结清上一个月货款。

六、违约责任：

（1）如不能按质按量准时运送鱼粉，中途停止履行本合同时，保证金5 000元人民币作为甲方损失补偿费，不退还。乙方供应问题导致鱼粉停供时，每天处罚100元人民币。

（2）甲方不按时支付货款时，每天按所欠货款的万分之五处罚扣缴滞纳金。

七、本合同一式两份，甲乙双方各执一份，双方签字后生效。

甲方签字（盖章）：

签字日期：2020年12月1日

乙方签字（盖章）：

签字日期：2020年12月1日

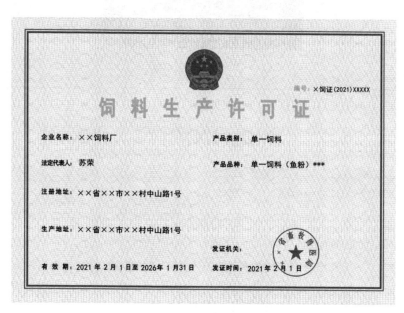

图4-5　饲料生产许可证范例

图 4-6　鱼粉包装标签范例

麸皮订购合同

购买方（以下简称为甲方）：黑龙江××水产养殖专业合作社

供应方（以下简称为乙方）：××面粉厂

根据《中华人民共和国合同法》及相关法律规定，双方就麸皮供应配送事宜经共同协商，达成以下协议。

一、乙方为甲方提供麸皮供应配送。供货期限自2021年1月1日至2030年12月31日，在合作期间双方应本着自愿、公平、互惠互利的原则合作。

二、乙方每年为甲方提供麸皮80吨，价格以市场行情为准。乙方一次性交付甲方保证金5 000元人民币。

三、质量要求：产品是乙方在生产绿色面粉（绿色食品证书编号：LB-02-××××××××××××A）过程中产生的副产品麦麸。产品无混杂物，无发霉变黑。否则甲方有权拒收或拒付货款。

四、由乙方运送到甲方养殖场，经甲方验收后过磅交货。

五、付款方式：每月5日之前结清上一个月货款。

六、违约责任：

（1）如不能按质按量准时运送麸皮，中途停止履行本合同时，保证金5 000元人民币则作为甲方损失补偿费，不退还。因乙方供应问题导致麸皮停供时，每天处罚100元人民币。

（2）甲方不按时支付货款时，每天按所欠货款的万分之五处罚扣缴滞纳金。

七、协商条款：乙方绿色食品证书××年××月到期，如到时有不可抗力导致不能换证（未续展绿色食品证书），本合同自动终止，甲方不追究乙方违约责任。

八、本合同一式两份，甲乙双方各执一份，双方签字后生效。

甲方签字（盖章）：

签字日期：2020年12月1日

乙方签字（盖章）：

签字日期：2020年12月1日

图4-7 麸皮来源（小麦粉副产品）绿色食品证书范例

豆粕订购合同

购买方（以下简称为甲方）：<u>黑龙江××水产养殖专业合作社</u>

供应方（以下简称为乙方）：<u>黑龙江××油脂有限公司</u>

根据《中华人民共和国合同法》及相关法律规定，双方就豆粕供应配送事宜经共同协商，达成以下协议。

一、乙方为甲方提供豆粕供应配送。供货期限自2021年1月1日至2030年12月31日，在合作期间双方应本着自愿、公平、互惠互利的原则合作。

二、乙方每年为甲方提供豆粕80吨，价格以市场行情为准。乙方一次性交付甲方保证金5 000元人民币。

三、质量要求：产品是乙方在生产绿色大豆油（绿色食品证书编号：LB-10-×××××××××××A）过程中产生的副产品豆粕。产品无混杂物，无发霉变黑。否则甲方有权拒收或拒付货款。

四、由乙方运送到甲方养殖场，经甲方验收后过磅交货。

五、付款方式：每月5日之前结清上一个月货款。

六、违约责任：

（1）如不能按质按量准时运送豆粕，中途停止履行本合同时，保证金5 000元人民币则作为甲方损失补偿费，不退还。乙方供应问题导致豆粕停供时，每天处罚100元人民币。

（2）甲方不按时支付货款时，每天按所欠货款的万分之五处罚扣缴滞纳金。

七、协商条款：乙方绿色食品证书××年××月到期，如到时有不可抗力导致不能换证（未续展绿色食品证书），本合同自动终止，甲方不追究乙方违约责任。

八、本合同一式两份，甲乙双方各执一份，双方签字后生效。

甲方签字（盖章）：

签字日期：2020年12月1日

乙方签字（盖章）：

签字日期：2020年12月1日

图 4-8　豆粕来源（大豆油副产品）的绿色食品证书范例

饲料添加剂订购合同

甲方：黑龙江××水产养殖专业合作社

乙方：××农业生产经销部

甲乙双方在自愿平等互利的基础上，根据《中华人民共和国合同法》及相关法律规定，为明确双方在履约过程中的权利和义务，经友好协商，订立本合同，盼共同信守。

一、供应商品：渔用饲料添加剂（酵母粉、益生菌、碳酸钙、β-胡萝卜素、姜黄素等）。

二、交货地点：××农业生产经销部门市店。

三、价格：以市场行情为准。

四、货款结算：经验收合格，根据每批实际数量结算，以现金或转账支付。

五、供货时间自2021年1月1日至2030年12月31日，分批进行，每批次供货数量及具体时间，由甲方决定并提前通知乙方。

六、本合同未尽事宜，双方协商一致，签订补充协议，补充的协议与本合同具同等效力。

本合同一式两份，双方各执一份，自签订之日起生效。

甲方签字（盖章）：

签字日期：2020年12月1日

乙方签字（盖章）：

签字日期：2020年12月1日

2. 饲料原料购销凭证

饲料原料购销凭证包括发票、收据等，如图4-9至图4-12所示。

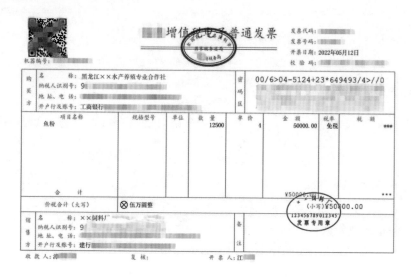

图 4-9 鱼粉购销凭证发票范例

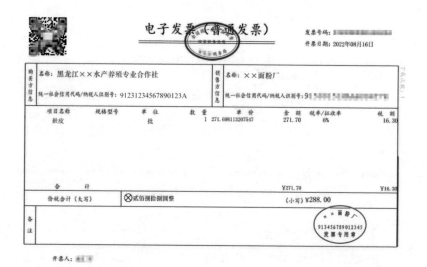

图 4-10 麸皮购销凭证发票范例

图4-11　豆粕购销凭证发票范例

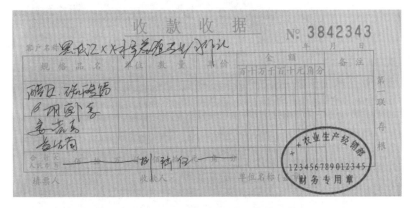

图4-12　饲料添加剂购销凭证收据范例

（六）基地图范例

基地图范例如图4-13至图4-15所示。其内容仅供参考，申请人应根据本基地实际情况绘制基地图。

图4-13 养殖基地及玉米种植基地位置图范例

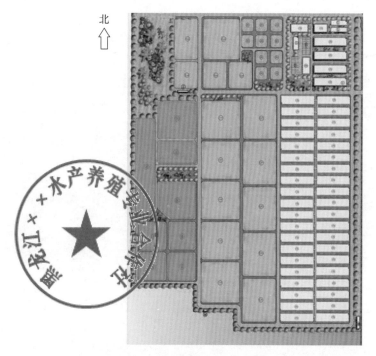

图4-14 养殖基地地块图范例

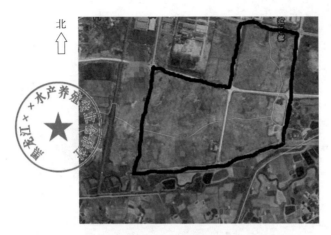

图 4-15　饲料原料玉米种植基地地块图范例

注：线条圈起的地块为饲料原料玉米种植基地。

（七）预包装标签设计样张范例

预包装标签设计样张范例如图4-16所示。申请人应提供带有绿色食品标志的预包装标签设计样张。

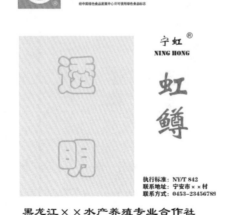

图 4-16　预包装标签设计样张范例

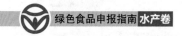

（八）其他相关证明材料范例

其他相关证明材料包括营业执照（图4-17）、商标注册证（图4-18）、水产苗种生产许可证（图4-19）、绿色食品内检员证书（图4-20）、国家追溯平台生产经营主体注册证明（图4-21）等。

图4-17　营业执照复印件范例　　图4-18　商标注册证复印件范例

图4-19　水产苗种生产许可证复印件范例　　图4-20　绿色食品内检员证书范例

国家追溯平台生产经营主体注册信息表

2022-10-17 16:10

主体信息	主体名称	黑龙江××水产养殖专业合作社		
	主体身份码			
	组织形式	合作社		
	主体类型	生产经营主体		
	主体属性	一般主体		电子身份标识
	所属行业	养殖业	企业注册号	91231234567890123A
	证件类型	三证合一营业执照（无独立组织机构代码证）	组织机构代码	无
	营业期限	长期		
	详细地址	黑龙江省牡丹江市宁安市××村		
法定代表人及联系信息	法定代表人姓名	王墨	法定代表人证件类型	大陆身份证
	法定代表人证件号码		法定代表人联系电话	18912345678
	联系人姓名	张力	联系人电话	15012345678
	联系人邮箱	××××@qq.com		
证照信息				
法人身份证件信息				

图4-21　国家追溯平台生产经营主体注册证明范例

二、虾类产品申报范例

虾类产品申报以常州××水产有限公司初次申请绿色食品的申报材料为例，示例中涉及企业隐私的内容已经处理隐藏。常州××水产有限公司成立于2016年11月，是一家民营科技型水产类农业公司。该公司位于江苏省常州市新北区××村，拥有独特的沙泥土壤，地理位置优越，拥有天然的优质水源（图4-22）。该公司主营青虾、四大家鱼的养殖与销售，投资额400余万元，目前已经形成了特有的水产养殖方式，为周边地区的广大市民提供优质水产品。该公司通过筛选优良个体作为母代，在虾池中自行繁育，生产过程中用EM菌改良水质，替代抗生素的使用，提高水产品的质量，保护养殖生态环境。各领域专家、技术人员帮助企业制定养殖方案，提出合理建议，为该公司发展提供技术支撑。该公司于2023年开始申报绿色食品。

图4-22　绿色食品虾养殖基地

（一）申请书和调查表填写范例

1.绿色食品标志使用申请书

《绿色食品标志使用申请书》填写范例如下。其中所填写内容仅供参考，申请人应根据本企业实际情况填写。

CGFDC-SQ-01/2019

绿色食品标志使用申请书

初次申请☑️　续展申请☐　增报申请☐

申请人（盖章）　常州××水产有限公司

申请日期　2023　年　6　月　5　日

中国绿色食品发展中心

填 表 说 明

一、本表一式三份，中国绿色食品发展中心、省级工作机构和申请人各一份。

二、本表应如实填写，所有栏目不得空缺，未填部分应说明理由。

三、本表无签字、盖章无效。

四、本表的内容可打印或用蓝、黑钢笔或签字笔填写，语言规范准确、印章（签名）端正清晰。

五、本表可从中国绿色食品发展中心网站下载，用A4纸打印。

六、本表由中国绿色食品发展中心负责解释。

保 证 声 明

我单位已仔细阅读《绿色食品标志管理办法》有关内容，充分了解绿色食品相关标准和技术规范等有关规定，自愿向中国绿色食品发展中心申请使用绿色食品标志。现郑重声明如下：

1. 保证《绿色食品标志使用申请书》中填写的内容和提供的有关材料全部真实、准确，如有虚假成分，我单位愿承担法律责任。

2. 保证申请前三年内无质量安全事故和不良诚信记录。

3. 保证严格按《绿色食品标志管理办法》、绿色食品相关标准和技术规范等有关规定组织生产、加工和销售。

4. 保证开放所有生产环节，接受中国绿色食品发展中心组织实施的现场检查和年度检查。

5. 凡因产品质量问题给绿色食品事业造成的不良影响，愿接受中国绿色食品发展中心所作的决定，并承担经济和法律责任。

法定代表人（签字）： 申请人（盖章）

2023年6月5日

一　申请人基本情况

申请人（中文）	常州 × × 水产有限公司				
申请人（英文）	/				
联系地址	江苏省常州市新北区 × × 村			邮编	213002
网址	/				
统一社会信用代码	91321234567890123E				
食品生产许可证号	/				
商标注册证号	2101 × × × ×（授权使用）				
企业法定代表人	孙立	座机	0519-12345678	手机	13812345678
联系人	李广	座机	0519-12345678	手机	13812345679
内检员	高滨	座机	0519-12345678	手机	13812345680
传真	/	E-mail		/	
龙头企业	国家级□　省（市）级□　地市级□				
年生产总值（万元）	1 230	年利润（万元）		260	
申请人简介	常州 × × 水产有限公司成立于 2016 年 11 月，是一家民营科技型水产类农业公司。公司位于常州市新北区 × × 村，拥有独特的沙泥土壤。公司环境优美，地理位置优越，拥有天然的优质水源。公司主营青虾、四大家鱼的养殖与销售，养殖面积近 240 亩，投资额 400 万余元。已经形成了特有的水产养殖方式，为周边地区的广大市民提供优质水产品。 　　公司通过使用 EM 菌的方法，改善养殖水体、替代抗生素的使用，提高水产品的质量，保护养殖生态环境。各领域专家、技术人员帮助企业制定养殖方案，提出合理建议，为公司发展提供技术支撑。				

注：申请人为非商标持有人，须附相关授权使用的证明材料。

二 申请产品基本情况

产品名称	商标	产量（吨）	是否有包装	包装规格	绿色食品包装印刷数量	备注
青虾	雷公咀	30	是	500克/袋	60000张（标签）	

注：续展产品名称、商标变化等情况需在备注栏中说明。

三 申请产品销售情况

产品名称	年产值（万元）	年销售额（万元）	年出口量（吨）	年出口额（万美元）
青虾	240	240	0	0

填表人（签字）：李广　　　　内检员（签字）：高溪

2. 水产品调查表

《水产品调查表》填写范例如下。其中所填写内容仅供参考，申请人应根据本企业实际情况填写。

CGFDC-SQ-05/2022

绿色食品标志使用申请书

申请人（盖章）　常州××水产有限公司

申请日期　2023　年　6　月　5　日

中国绿色食品发展中心

填 表 说 明

一、本表适用于鲜活水产品及捕捞、收获后未添加任何配料的经冷冻、干燥等简单物理加工的水产品。加工过程中，使用了其他配料或加工工艺复杂的腌熏、罐头、鱼糜等产品，须填写《加工产品调查表》。

二、本表一式三份，中国绿色食品发展中心、省级工作机构和申请人各一份。

三、本表应如实填写，所有栏目不得空缺，未填部分应说明理由。

四、本表无签字、盖章无效。

五、本表的内容可打印或用蓝、黑钢笔或签字笔填写，语言规范准确、印章（签名）端正清晰。

六、本表可从中国绿色食品发展中心网站下载，用A4纸打印。

七、本表由中国绿色食品发展中心负责解释。

一　水产品基本情况

产品名称	品种名称	面积（万亩）	养殖周期	养殖方式	养殖模式	基地位置	捕捞区域水深（米）（仅深海捕捞）
青虾	青虾	0.02	90天	池塘养殖	单养	常州市新北区××村	/

注：1. "养殖周期"应填写从苗种养殖到达到商品规格所需的时间。

2. "养殖方式"可填写湖泊养殖 / 水库养殖 / 近海放养 / 网箱养殖 / 网围养殖 / 池塘养殖 / 蓄水池养殖 / 工厂化养殖 / 稻田养殖 / 其他养殖等。

3. "养殖模式"可填写单养 / 混养 / 套养。

二 产地环境基本情况

产地是否位于生态环境良好、无污染地区，是否避开污染源？	是
产地是否距离公路、铁路、生活区 50 米以上，距离工矿企业 1 千米以上？	是
流入养殖／捕捞区的地表径流是否含有工业、农业和生活污染物？	无污染物
绿色食品生产区和常规生产区之间是否设置物理屏障？	是
绿色食品生产区和常规生产区的进水和排水系统是否单独设立？	进水和排水系统单独设立
简述养殖尾水的排放情况。生产是否对环境或周边其他生物产生污染？	通过控制饲料投喂量，养殖鲢、鳙和田螺，种植水草，生产过程使用 EM 菌等措施净化水质。养殖尾水达到排放标准，不对环境造成污染

注：相关标准见《绿色食品　产地环境质量》（NY/T 391）和《绿色食品　产地环境调查、监测与评价规范》（NY/T 1054）。

三 苗种情况

外购苗种	品种名称	外购苗种规格	外购来源	投放规格及投放量	苗种消毒方法	投放前暂养场所消毒方法
	/	/	/	/	/	/

自繁自育苗种	品种名称	苗种培育周期	投放规格及投放量	苗种消毒方法	繁育场所消毒方法
	青虾	1 月	2 000 尾／千克，投放 6 万尾／1 000 米^2	不消毒	含氯石灰 20 千克／1 000 米^2

四 饲料使用情况

产品名称		青虾	品种名称		青虾			
饲料及饲料添加剂	天然饵料	外购饲料				自制饲料		
生长阶段	饵料品种	饲料名称	主要成分	年用量（吨/亩）	来源	原料名称	年用量（吨/亩）	比例（%）	来源
全生育期	/	/	/	/	/	鱼粉	0.090	30	溧阳××饲料科技有限公司
	/	/	/	/	/	麸皮	0.111	37	宿迁市××面业股份有限公司
	/	/	/	/	/	花生饼	0.090	30	新沂××××花生油有限公司
	/	/	/	/	/	碳酸钙	0.009	3	溧阳××饲料科技有限公司

注：1. 相关标准见《绿色食品 饲料及饲料添加剂使用准则》（NY/T 471）。

2. "生长阶段"应包括从苗种到捕捞前以及暂养期各阶段饲料使用情况。

3. 使用酶制剂、微生物、多糖、寡糖、抗氧化剂、防腐剂、防霉剂、酸度调节剂、黏结剂、抗结块剂、稳定剂或乳化剂应填写添加剂具体通用名称。

五　饲料加工及存储情况

简述饲料加工流程	按比例均匀混合后压制成粒径 1 ~ 1.5 毫米的颗粒
简述饲料存储过程中防潮、防鼠、防虫措施	饲料不靠墙存放，使用托板防止受潮；使用防鼠板、粘鼠板防鼠；分批次按需少量进货，减少生虫可能性
绿色食品与非绿色食品饲料是否分区储藏，如何防止混淆？	全部为绿色食品虾

注：相关标准见《绿色食品　饲料及饲料添加剂使用准则》（NY/T 471）和《绿色食品储藏运输准则》（NY/T 1056）。

六　肥料使用情况

肥料名称	来源	用量	使用方法	用途	使用时间
腐熟有机肥	外购	300 千克 / 1 000 米²	撒施	培育肥水	生育期 15 ~ 20 天一次

注：1. 相关标准见《绿色食品　肥料使用准则》（NY/T 394）。

　　2. 表格不足可自行增加行数。

七　疾病防治情况

产品名称	药物 / 疫苗名称	使用方法	停药期
青虾	硫酸锌	1 毫克 / 升全池泼洒	500 度日
	聚维酮碘	1 毫克 / 升全池泼洒	500 度日

注：1. 相关标准见《绿色食品　渔药使用准则》（NY/T 755）。

　　2. 表格不足可自行增加行数。

八　水质改良情况

药物名称	用途	用量	使用方法	来源
生石灰	净化水质	15.0 千克 / 亩	化浆后泼洒	外购
EM 菌	净化水质	2.5 千克 / 亩	全池泼洒	外购

注：1. 相关标准见《绿色食品　渔药使用准则》（NY/T 755）。

　　2. 表格不足可自行增加行数。

九　捕捞情况

产品名称	捕捞规格	捕捞时间	收获量（吨）	捕捞方式及工具
青虾	5 ~ 10克/尾	全年	30	平时地笼；低温时虾拖网一次性捕捞

十　初加工、包装、储藏和运输

是否进行初加工（清理、晾晒、分级等）？简述初加工流程	无初加工
简述水产品收获后防止有害生物发生的管理措施	规范捕捞，防止损伤
使用什么包装材料，是否符合食品级要求？	聚乙烯袋，符合食品级要求
简述储藏方法及仓库卫生情况。简述存储过程中防潮、防鼠、防虫措施	不涉及储藏
说明运输方式及运输工具。简述运输工具清洁措施	专业运输汽车，清水冲洗后晾干
简述运输过程中保活（保鲜）措施	低温、充氧
简述与同类非绿色食品产品一起储藏、运输过程中的防混、防污、隔离措施	虾全部为绿色食品，不与其他产品混装

　　注：相关标准见《绿色食品　包装通用准则》（NY/T 658）和《绿色食品　储藏运输准则》（NY/T 1056）。

十一　废弃物处理及环境保护措施

　　投入品包装集中回收；平时做好池塘巡查和净化水质工作，尾水达标后才能排放；发现病虾、死虾及时捞取后作无害化处理

填表人（签字）：李广　　　　　内检员（签字）：高溪

（二）质量管理控制规范编制范例

绿色食品质量管理控制规范范例如下。其内容仅供参考，申请人应根据本企业实际情况编制相应的质量控制规范并遵照执行。

绿色食品质量控制规范

文本编号：BSC/GF-06

编　　制：质检部

审　　批：

常州××水产有限公司

2022年1月1日发布　　　　　2022年1月1日实施

为加强绿色食品生产全程监管，全面规范生产管理秩序，保障产地环境和产品质量符合绿色食品生产标准和要求，根据《中华人民共和国农产品质量安全法》和《绿色食品管理办法》等有关法律法规规定，制定本规范。

1 绿色食品质量控制规范说明

1.1 主题内容

《绿色食品质量控制规范》阐明本公司质量方针和质量目标，对构成质量管理体系的各个要素进行描述。

1.2 适用范围

适用于本公司生产的绿色食品青虾。

1.3 《绿色食品质量控制规范》的管理

《绿色食品质量控制规范》是实施质量管理各项活动的纲领和指南。为确保本公司绿色食品质量控制规范的充分、适宜与有效，必须加强依据《绿色食品质量控制规范》管理。

1.4 职责

1.4.1 质检部负责《绿色食品质量控制规范》的归口管理。

1.4.2 《绿色食品质量控制规范》由质检部组织有关人员按绿色食品规范和要求编制，由总经理审批。

1.4.3 《绿色食品质量控制规范》由质检部印制。

1.4.4 《绿色食品质量控制规范》由质检部统一编号登记。

1.4.5 《绿色食品质量控制规范》在以下情况时修订。

（1）《绿色食品质量控制规范》中某些规定已不适应工作需

要，执行中有不完善之处。

（2）组织机构或人员岗位调整、影响《绿色食品质量控制规范》的执行。

（3）现行手册条款与有关标准和法规矛盾。

1.4.6 《绿色食品质量控制规范》在以下情况时换版。

（1）国家法规对食品管理要求有重大变动，现行《绿色食品质量控制规范》与之有较大矛盾。

（2）绿色食品申报程序变化。

（3）质量方针和质量目标发生重大变化。

（4）组织机构设置和人员有较大变动，严重影响《绿色食品质量控制规范》的实施。

（5）生产能力发生重大变化。

（6）《绿色食品质量控制规范》局部的修订涉及多处或多页。

1.4.7 《绿色食品质量控制规范》修订或换版由质检部负责，由总经理审批。更换下来的手册或插页及时加盖"作废"章，归档保存或销毁。

1.4.8 人员调离时，向质检部交回《绿色食品质量控制规范》。

1.4.9 《绿色食品质量控制规范》受控本一律不外借。非受控本的借阅、复印须经技术总监批准，由质检部办理有关手续。

1.4.10 《绿色食品质量控制规范》持有者应妥善保管本规范，保持《绿色食品质量控制规范》的清洁、完整，不得擅自更改、复印、外借，防止丢失。

1.4.11 《绿色食品质量控制规范》由质检部组织宣贯，宣传贯彻记录由质检部存档。

1.4.12 质检部负责保持《绿色食品质量控制规范》的现行有效性。

1.4.13 《绿色食品质量控制规范》由质检部负责解释。

2 质量方针和质量目标

2.1 质量方针

以安全的食品和一流的品质和服务，最大限度地满足客户的要求。

2.2 质量目标

2.2.1 出厂产品检验符合食品安全卫生要求。

2.2.2 无食品安全卫生事故发生。

2.2.3 市场抽查 100% 达标。

2.2.4 顾客满意度达到 95% 以上。

2.3 质量方针、目标的宣贯

质检部负责质量方针目标的宣传贯彻，确保每位员工都理解并贯彻执行。宣传贯彻记录由质检部保存。

2.4 质量目标的分解

质检部组织相关部门将质量目标进行分解，由总经理审批。

2.5 质量方针目标的实施

2.5.1 各部门根据质量方针目标分解表组织实施，开展质量活动和质量攻关，以确保质量方针目标的实现。

2.5.2 质检部组织有关部门对质量方针目标实施情况进行检查，每季度至少 1 次。

2.5.3 检查中发现的问题由有关部门及时采取纠正措施，质检部组织跟踪验证。

3 组织领导及机构

3.1 概述

质量工作是企业管理的中心工作，公司领导必须重视质量工作，设置质量管理机构，并明确其职责和权限。

3.2 职责

总经理全面负责本公司质量安全工作；人事部负责日常行政事务和企业资料的管理；生产部负责按规范和标准组织生产；质检部负责质量管理、质量检验和现场质检工作；销售部负责产品销售及推广、资金计划、调度和安排；采购部负责物料供应工作。

3.3 组织机构

企业组织机构如下图所示。

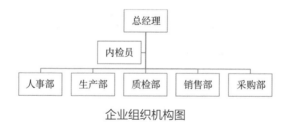

企业组织机构图

4 绿色食品质量管理责任和权限

成立以公司总经理为组长，公司技术总监为副组长，相关部门负责人为成员的绿色食品生产领导小组，负责绿色食品生产组织协调、制度制定、生产计划、基地建设、生产监督管理，保障绿色食品生产工作有序推进。设立绿色食品办公室，加强绿色食品质量监督管理。设总负责人1名、质量监管员（内检员）1名、投入品负责

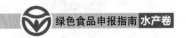
人1名、生产负责人1名、销售负责人1名。

总负责人：全面负责绿色食品的生产运营。

内检员：宣贯绿色食品标准；按照绿色食品标准和管理要求，协调、指导、检查和监督公司内部绿色食品原料采购、基地建设、投入品使用、产品检验、包装印刷、防伪标签、广告宣传等工作；对员工开展有关绿色食品知识的培训。

投入品负责人：负责绿色食品投入品的采购和使用。

生产负责人：负责安排苗种的采购、养殖基地的选择、养殖管理、农事活动的安排。

销售负责人：负责绿色食品的销售、记录和投诉意见处理等。

5 溯源与召回管理制度

5.1 目的

通过溯源管理，使产品质量安全具有可追溯性，保证发生质量安全问题时能迅速、有效从市场召回问题产品并能迅速进入调查追溯程序，以保证公司产品质量信誉和消费者安全。

5.2 范围

适用于本公司生产青虾。

5.3 职责

5.3.1 质检部：负责溯源管理。

5.3.2 生产部：负责养殖过程中标识管理。

5.3.3 销售部：负责青虾中转、包装、销售过程中的标识管理、客户投诉、不合格产品召回，并做好相关记录。

5.4 程序要点

5.4.1 批次的确定

5.4.1.1 原料批：同一时间、在同一捕捞区域捕捞的同一品种为一个原料批。

5.4.1.2 生产批：同一天、同一生产线加工的同一原料批加工的产品为一个生产批。

5.4.1.3 报检批：以同一份报检单报检的同一品种的产品为一个报检批。

5.4.2 识别代码的确定

5.4.2.1 原料批识别代码的确定：每个原料批确定一个原料识别代码，用"数字＋字母"表示。例如，识别代码1022Y，其中，1表示产品代号，022表示原料流水号，1年为一个流水编号周期，一般至少为3位数，Y表示原料的性质为养殖原料。

5.4.2.2 生产批识别代码的确定：在原料批识别代码前加生产日期（年月日）。

5.4.2.3 报检批识别代码的确定：以公司报检的批次数流水号表示，一般为5位数，以1年为一个周期。

5.4.3 溯源代码标识管理：在产品外包装上贴有标明产品名称、产品批号、生产日期、生产企业等信息的标签。

5.4.4 产品销售：每批产品要做好"产品进出场记录"，详细记录产品名称、生产日期、生产批次、报检批次、数量等。

5.4.5 投诉处理

5.4.5.1 投诉记录：公司中的任何人员接到的投诉都必须立即登记，并尽可能详细地填写在"产品意见反馈单"上。

5.4.5.2 投诉的鉴别与评估：公司领导或质检部对接到的投诉，按照投诉类别和产品缺陷分类进行鉴别与评估。

5.4.6 产品召回

5.4.6.1 成立产品召回小组,由总经理牵头任组长,质检部、生产部、销售部人员组成,明确职责。

5.4.6.2 销售部在收到产品质量信息或客户信息反馈(包括客户的投诉、对产品质量的建议等)后及时填写"产品意见反馈单"传递给总经理室或产品召回小组。

5.4.6.3 总经理室或产品召回小组应立即召集生产、质检和销售等部门相关人员,通过产品识别代码从成品到原料每一环节进行追溯,查阅该批产品的相关记录,分析不合格的原因,采取有效整改措施。

5.4.6.4 公司应通过建立以原料批为单元的产品流向登记记录,以便从原料追溯到产品,查找到不合格产品的去向,并及时召回。

5.4.6.5 召回工作:一旦产品出现涉及健康和安全的隐患,或接到涉及安全的投诉,经召回小组分析或监管部门提出需要进行产品召回时,立即进行召回工作。检查产品分销记录,迅速找到客户,通过电话或传真通知对方,按照箱外标识封存有问题批次的产品,进入市场的产品按照产品代码系统进行召回。利用当地的报纸、电台、电视台和互联网等媒体,把召回产品的信息(标签信息、包装种类、尺寸和产品代码、实物图像及召回方式等)尽快地传达给消费者。

6 内部检查制度

6.1 目的

定期对绿色食品生产过程进行内部检查,以验证本公司所生产的绿色食品符合产品标准，并对发现的问题及时改进。

6.2 适用范围

适用于本公司绿色食品青虾产品养殖生产过程的内部检查。

6.3 职责和权限

6.3.1 总经理任命绿色食品内部检查小组，批准年度内部检查计划和内部检查实施计划，批准内部检查报告。

6.3.2 管理者代表提名内部检查小组成员，审核年度内部检查计划和内部检查实施计划，审核内部检查报告。

6.3.3 质检部负责编写年度内部检查计划，并组织内部检查工作，保管内部检查记录。

6.3.4 内部检查组长负责组织编制内部检查实施计划，组织执行内部检查工作，完成检查报告。

6.4 内部检查程序

6.4.1 检查小组的组成：检查小组视实际状况的需要，成员至少2人，设检查组长1名，检查员应为培训合格人员，检查组长须由接受过内检员培训并取得资格证明者担任。

6.4.2 质检部于每年年初编制年度内部检查计划，经管理者代表审核、总经理批准后实施。

6.4.3 内部检查组长编制每次的内部检查实施计划，管理者代表审核，总经理批准后实施。内部检查实施计划内容主要包括检查目的、准则、范围、检查组成员、检查时间、检查内容的工作安排等。

6.4.4 检查组长按检查计划组织编写"检查表"，详细列出检查的部门、区域、项目、内容、方法等。

7 应急处置预案

7.1 目的

为积极应对和预防可能的产品质量安全突发事件，及时、高效、有序地组织开展事故应急处理工作，最大限度减少产品质量安全事件的危害，特制定本预案。

7.2 范围

本公司产品在生产、加工、流通、消费等环节中发生的，由于产品存在严重质量问题而引发的，对公众人体健康或人身财产安全造成危害，并造成较大社会影响，或可能构成危害，造成较大社会影响的产品质量安全事件等。

7.3 职责

7.3.1 产品质量安全应急领导小组：成立公司总经理任组长，质检部、生产部、销售部负责人为组员的领导小组，负责全面指挥协调工作，并组织实施。

7.3.2 质检部：经公司授权统一对外发布质量安全事件的信息。

7.3.3 生产部：配合质量问题的调查处理。

7.3.4 销售部：组织协调、上报、通信联络，加强与有关部门联系、沟通等。

7.4 程序要点

7.4.1 紧急处置原则

7.4.1.1 统一领导的原则：产品安全突发事件的处置由突发事件应急领导小组统一领导。各部门要无条件地服从领导小组对其资源（人力、物力、财力）的调度和指挥。

7.4.1.2 重大突发事件的处置不同于正常工作，要以最大限度地减少损失为前提，坚持急事急办和特事特办的原则。各部门及相关人员都要果断、迅速、准确、有效地采取应急措施。

7.4.2 处置产品质量安全突发事件的程序与措施

7.4.2.1 一旦发生产品质量安全突发事件，发现者要在第一时间内迅速向领导小组报告。

7.4.2.2 由组长立即通知销售部，启动突发事件应急预案。

7.4.2.3 销售部立即通知质检部和生产部相关工作人员到位，迅速制定临时对策，判断事件级别，并将情况及时向有关部门报告。

7.4.3 根据事件级别采取相应的处理措施：发生产品质量安全事件，应立即启动应急处置预案，由领导小组成员进入事故现场进行检查，封存并妥善保管可疑产品，提取样品进行检验。对已进入市场流通的问题产品，立即予以追回。

7.4.4 问题产品的召回与处置：领导小组通过销售识别代码进行追溯。通过追溯，查阅该批产品的相关记录，分析不合格的原因，采取有效整改措施。被召回的产品须集中进行无害化处理，不得再流向市场。

8 文件控制制度

8.1 目的

本程序规定了文件与资料的批准、发布、使用、更改等要求，确保与食品安全管理体系有关的文件和资料的有效性和可追溯性。

8.2 适用范围

适用于本公司与食品安全管理体系相关的所有文件和资料的控

制，包括外部机构和供应商提供的有关文件和资料。

8.3 职责和权限

8.3.1 总经理负责批准食品安全管理体系文件的实施。

8.3.2 食品安全小组组长负责审核食品安全管理体系文件和纳入食品安全管理体系的外来文件的引用。

8.3.3 人事部协助食品安全小组编制纳入食品安全管理体系的体系文件清单，各部门按体系文件清单要求编写公司食品安全管理体系文件。

8.3.4 质检部负责食品安全管理体系文件的发放、更改控制和管理，以及有关食品安全方面的法律法规、技术标准等外来文件的归口管理。

8.3.5 各部门负责本部门文件的管理。

8.4 内容

8.4.1 文件编制、审核和批准

8.4.1.1 公司食品安全管理体系文件由各部门按照体系文件清单编写。

8.4.1.2 部门作业文件、技术标准等，由各部门自行编制，部门负责人审核批准。

8.4.1.3 体系记录表单由质检部结合公司情况进行编制，各部门记录表单由各部门自行设计。

8.4.1.4 所有食品安全管理体系文件均须提交质检部进行标准化汇编后，经食品安全小组组长审批后方可发布施行。

8.4.2 文件的受控状况标识

8.4.2.1 根据受控与否，文件分为受控和非受控两大类。

8.4.2.2 凡公司内部各部门使用的文件以及提交认证机构的文件为受控文件。受控文件包括食品安全手册和程序文件、部门作业文件、产品技术标准及工艺文件、HACCP 计划、PRP 前提方案、OPRP 操作性前提方案、外来文件及其他文件、相关记录。

8.4.2.3 所有受控文件须在文件右上角加盖"受控文件"的红色印章表明其属于受控状态。

8.4.2.4 发放给顾客的资料、说明为非受控文件。

8.4.3 文件的发放

8.4.3.1 所有食品安全管理体系文件均应记录在"体系文件一览表"中，经批准实施后，由人事部统一在文件上加盖受控印章和分发号后按发放范围发放。

8.4.3.2 文件领用人在"文件发放 / 回收记录表"上签名，领取注有分发号和加盖受控印章的文件，有旧版文件的交回旧版文件。

8.4.3.3 文件破损影响使用时，应到人事部办理换发手续，交回破损文件，补发新文件。新文件分发号沿用原文件的分发号，人事部文件管理员将破损文件销毁。

8.4.3.4 文件丢失，必须到人事部办理申领手续，文件管理员在发放文件时给予新的分发号，并注明丢失文件分发号作废，必要时将作废的文件分发号通知各部门防止误用。

8.4.4 文件的保存

8.4.4.1 各部门文件由专人负责保管，文件必须分类存放在干燥通风处，必要时编写部门文件清单方便查找。

8.4.4.2 任何人不得在文件上乱涂乱改，不准私自外借，确保文件清晰易于检索和识别。

8.4.5　文件的更改、修订

食品安全管理体系文件需要更改、修订时，由各部门负责人将需要更改、修订的文件内容提交质检部，经食品安全小组确认后由质检部统一更改、修订，并由人事部收回旧版文件后发放更改、修订后的文件。

8.4.6　文件的修订状态控制

8.4.6.1　食品安全管理体系文件的修订状态在文件的封面用版本号和修改状态代码标识。

8.4.6.2　版本号采用英文大写字母 A、B、C 分别表示第 1 版、第 2 版、第 3 版。

8.4.6.3　修订次数采用阿拉伯数字 0、1、2、…9 分别表示修订次数。

8.4.6.4　体系文件的修订状态应在"体系文件一览表"中更新。

8.4.7　文件的换版、作废和销毁：体系文件一般情况下每 3 年换版一次，当文件经多次修改或修改幅度较大，应换版。旧版文件作废，换发新版本，由人事部在"文件发放 / 回收记录表"登记后收回旧版文件统一销毁。须作为资料保存的作废文件，必须加盖"作废保留"印章方可保留。

8.4.8　文件的借阅

8.4.8.1　公司内部人员临时查阅文件时须经部门负责人同意。

8.4.8.2　公司外部相关方借阅本公司文件，须经食品安全小组组长批准后，到人事部填写"文件借阅记录表"办理借阅手续，并在规定时间内归还。

8.4.8.3　原版文件一律不准外借。

8.4.9 文件的评审

8.4.9.1 食品安全小组不定期对体系文件进行评审，必要时进行修订。

8.4.9.2 每年年末由相关部门对本部门作业文件进行评审，必要时进行修订。

9 记录控制制度

9.1 目的

本程序对记录的编制、编号、收集、分类、填写、查阅、保存以及处置做出规定，以确保所有与食品安全管理体系有关的活动及其结果有据可查。

9.2 适用范围

适用于食品安全管理体系运行和产品形成过程中所有纸张类及电子类记录的控制。

9.3 职责和权限

9.3.1 生产部协助食品安全小组负责组织食品安全管理体系相关记录的表单设计、提供和更改。

9.3.2 各部门负责本部门内部使用记录表的设计、使用、保存、处理。

9.4 程序

9.4.1 记录的建立

9.4.1.1 食品安全小组确定食品安全管理体系相关记录范围，并建立"体系记录清单"。

9.4.1.2 生产部将食品安全管理体系相关记录所需要的表单设计和制作完成后，提交食品安全小组组长审核，然后发放给使用部门确认后使用。

9.4.1.3 各部门内部使用的记录表单由各部门自行设计制作，然后提交各部门负责人审核后使用。

9.4.1.4 当记录表单不适用时，发生的任何修改均应按照"文件控制程序"控制修改。

9.4.2 记录的填写

9.4.2.1 记录必须如实、清楚、准确、完整填写。

9.4.2.2 原始记录不能涂改、重抄，发生笔录错误须修改时，只能用划改方式进行修改，并注明修改人和日期。

9.4.2.3 所有记录的记录人必须签字，对记录负责。

9.4.3 记录的标识

9.4.3.1 记录表单根据"文件控制程序"规定进行编号。

9.4.3.2 外来的记录使用原名称、编号。

9.4.4 记录的保存

9.4.4.1 各部门负责本部门记录的收集、归档、保存。

9.4.4.2 纸张类记录应存放在防潮、防虫、防丢失的文件柜内，数量较多的记录当积累到一定数量时应分类装订好，放在适当地点保存，并做好标识，方便查找。

9.4.4.3 电子类记录应做好标识并定期备份。

9.4.5 记录的查询

9.4.5.1 各个部门对于本部门使用的记录，必要时编制"部门记录清单"方便检索和查询。

9.4.5.2 公司外部相关方或顾客要求查阅记录时，经部门负责人批准，在商定期限内记录可提供给其查阅。

9.4.6　记录的保存期和处置

9.4.6.1　已填写的记录保存期限不少于 30 个月，绿色食品产品生产记录不少于 5 年。

9.4.6.2　超过保存期的记录由各部门自行销毁

9.4.6.3　对超过保存期的记录，需要继续保留以便今后进行质量、安全研究使用时，经部门负责人批准可长期存档。

10　质量管理持续改进制度

10.1　目的

采取有效的改进、纠正和预防措施，实现质量管理的持续改进，提高公司质量管理水平；同时收集分析相关数据，以确定质量管理体系的适宜性和有效性，并识别可以实施的改进。

10.2　适用范围

适用于改进、纠正和预防措施的制定、实施与验证；同时，对来自监视和测量活动及其他相关来源的数据分析。

10.3　职责

质检部负责对产品采取预防措施的监督管理工作及跨部门性预防措施的组织实施工作，并验证预防措施的有效性，以及对内、对外相关数据的传递与分析、处理；各部门负责各自相关数据的收集、传递；相关部门负责本部门预防措施的实施工作。

10.4　程序

10.4.1　对于存在的不合格问题应采取纠正措施，以消除不合格原因，防止不合格再发生，纠正措施应与所遇到问题的影响程度相适应。

10.4.2 识别不合格的种类：①过程、产品质量出现重大问题。②顾客对产品质量投诉。③供方产品或服务出现严重不合格。

以上问题由质检部填写"纠正和预防措施处理单"责成相关责任部门进行原因分析，提出纠正措施，质检部跟踪验证其实施效果。

10.4.3 预防措施：应识别潜在的不合格并采取预防措施，以消除潜在不合格的原因，防止不合格发生，所采取的预防措施应与潜在问题的影响程度相适应。

10.4.4 识别潜在不合格

10.4.4.1 质检部及时重点分析如下记录：供方供货质量统计、产品质量统计、市场分析、顾客满意度调查、质量统计，以及纠正、预防、改进措施执行记录等，以便及时了解公司运行的有效性、顾客的要求和期望，并在日常对公司运作的检查和监督过程中，及时收集分析各方面的反馈信息。

10.4.4.2 发现有潜在的不合格事实时，根据潜在问题影响程度确定轻重缓急，由质检部组织相关部门讨论原因，制定预防措施；质检部填写"纠正和预防措施处理单"指出潜在不合格事实，经责任部门分析原因，制定预防措施并实施，质检部跟踪验证实施效果，并对其有效性进行评审。

10.4.5 改进、纠正和预防措施实施控制及记录

10.4.5.1 在改进、纠正和预防措施的实施过程中，总经理负责配置必要的资源，由技术总监协助分析原因并确定责任部门，监督措施实施的过程。

10.4.5.2 质检部记录各项措施的发出时间、责任部门、完成时间及验证结果。逾期未能完成者，报告技术总监，组织责任部门进行原因分析，再次限期完成。

10.4.5.3 质检部负责保存相关的纠正、预防措施记录，纠正、预防措施的实施状况应作为下次质量管理评审的输入文件之一。

10.4.6 数据的来源

10.4.6.1 外部来源：①政策、法规、标准等。②法定部门检测的结果及反馈。③相关方（如顾客、供方等）反馈及投诉等。

10.4.6.2 内部来源：①日常工作记录，如质量目标完成情况、检验和试验记录、内部审核与管理评审报告，以及公司日常运行的其他记录。②存在的、潜在的不合格，如质量问题统计分析结果、纠正预防措施处理结果等。

10.4.7 数据的收集、分析与处理

10.4.7.1 信息收集内容

（1）顾客满意程度的信息，顾客未来的需求和期望。

（2）与产品要求的符合性，产品质量欠缺的主要方面。

（3）过程和产品特性的现状、变异及其趋势，如果反映了潜在问题，有无必要采取预防措施。

（4）供方供货质量现状和趋势的统计报表等。

（5）纠正、预防、改进等证实质量管理体系运行的适宜性和有效性的信息。

10.4.7.2 外部数据的收集、分析与处理

（1）人事部负责相关法律法规的收集分析，并传递到相关部门。

（2）质检部负责法定机构检测结果及反馈数据的收集分析，并负责传递到相关部门。

（3）销售部及其他相关部门应积极与顾客进行沟通以满足顾客需求，妥善处理顾客投诉，并收集顾客满意度相关数据进行统计分析。

（4）采购部负责收集供方信息及供方反馈等有关供方业绩评价的数据。

（5）质检部负责有关供方的数据分析，并对不合格项传递到相关部门进行改善。

10.4.7.3　内部数据的收集、分析与处理

（1）质检部负责收集分析进料检验、工序检验、成品检验等产品质量信息，并对过程存在及潜在的不合格提出纠正预防措施。

（2）各部门总结本部门质量目标达成情况，未达标部门须提出纠正预防措施。

10.4.8　数据的分析方法

10.4.8.1　为寻找数据变化的规律，通常采用统计方法。

10.4.8.2　统计方法选用原则：①优先采用国家公布的质量控制方法和抽样检验标准。②采用统计表、排列图等质量控制方法对过程或产品中出现的不合格情况进行统计分析，主要分析不合格原因。③公司制定的抽样方法应符合国家标准的规定，质检部制定相关抽样规定。

10.4.8.3　统计方法实施要求：①质检部负责组织对有关人员进行统计方法培训。②正确使用统计方法，确保统计分析数据的科学、准确、真实。

10.4.8.4　统计方法实施效果的判定：①是否降低了不合格品率，降低了生产损失。②是否能为有关过程能力提供有效判定，利于改进质量。③是否提高了产量、利润和工作效率。④是否降低了成本，

提高了质量水平和经济效益。

10.4.9 每月由质检部组织召开质量分析会，对主要质量问题进行数据分析并传递到相关责任部门，由相关部门采取相应的纠正预防措施。

10.4.10 每月由质检部统计信息反馈总结，从中提取有用的质量信息并提出质量改进的措施发送到相关部门。

10.4.11 相关数据分析及纠正预防措施记录由质检部负责保存。

（三）生产操作规程编制范例

生产操作规程编制范例如下。其内容仅供参考，申请人应根据本企业实际情况编制相应的生产操作规程并遵照执行。

常州 ×× 水产有限公司

绿色食品　青虾池塘养殖生产操作规程

1　范围

本标准规定了青虾（学名为日本沼虾，*Macrnbnachium mippomensis*）绿色养殖的环境条件、苗种繁殖、苗种培育、食用虾饲养和虾病防治技术。

本标准适用于绿色青虾池塘养殖。

2 规范性引用文件

NY/T 391　绿色食品　产地环境质量

NY/T 394　绿色食品　肥料使用准则

NY/T 471　绿色食品　饲料及饲料添加剂使用准则

NY/T 658　绿色食品　包装通用准则

NY/T 755　绿色食品　渔药使用准则

NY/T 840　绿色食品　虾

NY/T 1056　绿色食品　储藏运输准则

水产养殖质量安全管理规定（农业部〔2003〕第31号令）

3 环境条件

3.1 场址选择：水源充足，排灌方便，进排水分开，养殖场周围3千米内无任何污染源。

3.2 水源、水质：水质清新，应符合 NY/T 391 的规定，其中溶解氧应在 5 毫克/升以上，pH 值 7.0 ~ 8.5。

3.3 虾池条件：虾池为长方形，东西向，土质为壤土或黏土，主要条件见表 1，有完整且相互独立的进水和排水系统。

表 1　虾池条件

池塘类别	面积（米²）	水深（米）	池埂内坡比	水草种植面积占比
亲虾培育池	1 000 ~ 3 000	约 1.5	1 :（3 ~ 4）	1/5 ~ 1/3
苗种培育池	1 000 ~ 3 000	1.0 ~ 1.5	1 :（3 ~ 4）	1/5 ~ 1/3
食用虾培育池	2 000 ~ 6 000	约 1.5	1 :（3 ~ 4）	1/5 ~ 1/3

3.4 虾池底质：虾池池底平坦，淤泥小于 15 厘米，底质符合 NY/T 391 要求。

4 苗种繁殖

4.1 亲虾来源：选择从江河、湖泊、沟渠等水质良好水域捕捞的野生青虾作为亲虾，要求无病无伤、体格健壮、规格在 4 厘米以上已达性成熟；或在繁殖季节直接选购规格大于 5 厘米的抱卵虾作为亲虾。

4.2 放养密度：每千米^{2}放养亲虾 45 ~ 60 千克，雌雄比为（3 ~ 4）∶1。

4.3 饲料及投喂：亲虾饲料投喂以绿色食品生产资料配合饲料为主，投喂量为亲虾体重的 2% ~ 5%，以后根据青虾日摄食量进行调整。饲料使用应符合 NY/T 471 的规定。

4.4 亲虾产卵：当水温上升至 18℃以上时，亲虾开始交配产卵。抱卵虾用地笼捕出后在苗种增育池培育孵化，也可选购野生抱卵虾移入苗种培育池培育孵化。

4.5 抱卵虾孵化：抱卵虾放养量为每千米^{2}放养 12 ~ 15 千克。根据虾卵的颜色，选择胚胎发育期相近的抱卵虾放入同一池中孵化；虾孵化过程中，须每天冲水保持水质清新，一般青虾卵孵化需要 20 ~ 25 天。当虾卵呈透明状，胚胎出现眼点时，每千米^{2}施腐熟的无污染有机肥 150 ~ 450 千克。当抱卵虾孵出幼体 80% 以上时，用地笼捕出亲虾。

5 苗种培育

5.1 幼体密度：池塘培育幼体的放养密度应控制在 2 000 尾/米^2

以下。

5.2　饲料投喂

5.2.1　第一阶段：当孵化池发现有幼体出现，须及时投喂豆浆，投喂量为每 1 000 米^2 每天投喂豆浆 2.5 千克，以后逐步增加到每天 6.0 千克。每天 8：00—9：00、16：00—17：00 各投喂一次。

5.2.2　第二阶段：幼体孵出 3 周后，逐步减少豆浆的投喂量，增加青虾苗种配合饲料的投喂，优先使用绿色食品生产资料饲料，也可用麸皮 37%、花生饼 25%、鱼粉 35%、碳酸钙 3% 自行配制饲料。配合饲料投喂 1 周后，每天每千米^2 投喂 20 ~ 30 千克，投喂时间为每天 17：00—18：00。

5.3　施肥：幼体孵出后，视水中浮游生物量和幼体摄食情况，约 15 天应及时施腐熟的有机肥。每次施肥量为每千米^2 施 75 ~ 150 千克。

5.4　疏苗：当幼虾生长到 0.8 ~ 1.0 厘米时根据培育池密度要及时稀疏，幼虾培育密度控制在 1 000 尾 / 米^2 以下。

5.5　水质要求：培育池水质透明度约 30 厘米，pH 值 7.5 ~ 8.5，溶解氧含量不低于 5 毫克 / 升。

5.6　虾苗捕捞：经过 20 ~ 30 天培育，幼虾体长大于 1.0 厘米时，可进行虾苗捕捞，进入食用青虾养殖阶段。虾苗捕捞可用密网拉网捕捞、抄网捕捞或放水集苗捕捞。

6　食用虾饲养

6.1　池塘条件

6.1.1　进水要求：进水口用网孔尺寸 0.177 ~ 0.250 毫米筛组制成过滤网袋过滤。

6.1.2 配套设施：主养青虾的池塘应配备水泵、增氧机等机械设备。每公顷水面要配置 4.5 千瓦以上功率的增氧设备。

6.2 放养前准备

6.2.1 清塘消毒：苗种放养前，清塘消毒。常用清塘药物及方法见表 2，药物的使用应符合 NY/T 755 规定。

表 2　常用清塘药物及方法

药物	清塘方法	用量 （千克 / 千米²）	使用方法	休药期
茶粕	带水清塘	50 ~ 60	排除部分水，留水深 1 米，将茶粕碾碎浸泡 1 天，茶粕溶液搅拌均匀后全池遍洒	/
含氯石灰（有效氯≥30%）	干法清塘	10 ~ 25	将池水排干或排到水深 6 ~ 10 厘米，将含氯石灰化水，全池遍洒	4 ~ 5 天
	带水清塘	20 ~ 30	排出部分水，留水深 1 米，将含氯石灰溶化后稀释，全池遍洒	

6.2.2 水草种植：水草种植品种可选择苦草、轮叶黑藻、马来眼子菜和伊乐藻等沉水植物，也可用水花生或水蕹菜（空心菜）等水生植物。

6.2.3 注水施肥：虾苗放养前 5 ~ 7 天，池塘注水 50 ~ 60 厘米；同时每千米² 施经腐熟的有机肥 150 ~ 300 千克，以培育浮游生物。

6.3 虾苗放养

6.3.1 放养方法：选择晴好的天气放养，放养前先取池水试养虾苗，在证实池水对虾苗无不利影响时,才开始正式放养虾苗。虾苗放养时温差应小于±2℃。虾苗捕捞、运输及放养要带水操作。

6.3.2 养殖模式与放养密度

6.3.2.1 单季主养,虾苗采取一次放足、全年捕大留小的养殖模式。放养密度:1—3月放养越冬虾苗(2 000尾/千克左右),每千米^{2}放养6~7.5万尾;或7—8月放养全长为1.5~2厘米虾苗,每千米^{2}放养9~12万尾。虾苗放养15天后,池中混养规格为体长15厘米的鲢、鳙鱼种,每千米^{2}混养150~300尾。食用虾捕捞工具主要采用地笼捕捞。

6.3.2.2 双季主养:青虾越冬苗规格2 000尾/千克,每千米^{2}放养量为4.5万~6万尾;规格为1.5~2厘米虾苗,每千米^{2}放养量为6万~8万尾。放养时间一般为7—8月或12月至翌年3月。虾苗放养15天后,塘中混养规格为15厘米的鲢、鳙鱼种,每千米^{2}投放150~300尾。

6.4 饲养管理

6.4.1 饲料投喂:饲料投喂应遵循"四定"投饵原则,做到定质、定量、定位、定时。

6.4.1.1 饲料要求:优先使用绿色食品生产资料配合饲料,配合饲料应无发霉变质、无污染,卫生指标符合GB 13078的规定。也可使用豆粕、花生饼、鱼粉、麸皮、米糠、碳酸钙等自行配制,使用种类符合NY/T 471的规定,粗蛋白含量要求达到35%以上。

6.4.1.2 常用饲料配方:①麸皮37%,花生饼30%,鱼粉30%,碳酸钙3%。②麸皮30%,花生饼27.5%,米糠20%,鱼粉20%,碳酸钙2.5%。

6.4.1.3 投喂方法：日投2次，每天8：00—9：00、18：00—19：00各1次，上午投喂量为日投喂总量的1/3，余下2/3傍晚投喂；饲料投喂在离池边1.5米的水下，可多点式，也可一线式。

6.4.1.4 投饲量：青虾饲养期间各月配合饲料日投饲量参见表3。实际投饲量应结合天气、水质、水温、摄食及蜕壳情况等灵活掌握，适当增减投喂量。

表3　青虾饲养期间各月配合饲料日投饲率

项目	3月	4月	5月	6月	7月	8月	9月	10月	11月	12月
日投饲率（%）	1.5 ~ 2	2 ~ 3	3 ~ 4	4 ~ 5	5	5	5	4 ~ 5	3 ~ 4	2

6.4.2　水质管理

6.4.2.1 养殖池水：养殖前期（3—5月）透明度控制在25 ~ 30厘米，中期（6—7月）透明度控制在30厘米，后期（8—10月）透明度控制在30 ~ 35厘米。溶解氧保持在4毫克/升以上，pH值7.0 ~ 8.5。

6.4.2.2 施肥调水：根据养殖水质透明度变化，适时施肥，一般在养殖前期每10 ~ 15天施腐熟的有机肥1次，中后期每15 ~ 20天施腐熟的有机肥1次，每次施肥量为每千米^{2}用75 ~ 150千克。

6.4.2.3 注换新水：养殖前期不换水，每7 ~ 10天注新水1次，每次10 ~ 20厘米；中期每15 ~ 20天注换水1次；后期每周1次，每次换水量为15 ~ 20厘米。

6.4.2.4 生石灰使用：青虾饲养期间，每15 ~ 20天使用1次生石灰，用量为每千米^{2}每次15千克，化成浆液后全池均匀泼洒。

6.4.2.5 生物菌调水：在水温25℃以上，选择晴朗天气，定期施用光合细菌、枯草芽孢杆菌等微生物，施用微生物后要注意增加溶氧，微生物必须在用药 3 ~ 4 天后方能使用。

6.4.3　日常管理

6.4.3.1　巡塘：每天早晚各巡塘 1 次，观察水色变化、虾活动和摄食情况；检查塘基有无渗漏，防逃设施是否完好。

6.4.3.2　增氧：生长期间，一般每天凌晨和中午各开增氧机 1 次，每次 1.0 ~ 2.0 小时；雨天或气压低时，延长开机时间。

6.4.3.3　生长与病害检查

每 7 ~ 10 天抽样 1 次，抽样数量大于 50 尾，检查虾的生长、摄食情况，检查有无病害，以此作为调整投饲量和药物使用的依据。

7　病害防治

7.1　虾病防治原则：绿色青虾养殖生产过程中对病害的防治，坚持以防为主、综合防治的原则。使用防治药物应符合 NY/T 755 的要求，并做好用药记录。

7.2　常见虾病防治：青虾养殖中常见疾病主要为红体病、黑鳃病、黑斑病、寄生性原虫病等。具体防治方法见表 4。

表 4　青虾常见病害治疗方法

虾病名称	治疗方法
红体病	（1）氟苯尼考 10 毫克／千克体重拌饵投喂，连用 5 ~ 7 天 （2）聚维酮碘全池泼洒（幼虾 0.2 ~ 0.5 毫克／升，成虾 1 ~ 2 毫克／升）
黑鳃病	（1）氟苯尼考 10 毫克／千克体重拌饵投喂，连用 5 ~ 7 天 （2）定期用生石灰 15 ~ 20 毫克／升全池泼洒

（续表）

虾病名称	治疗方法
黑斑病	保持水质清新，发病后用聚维酮碘全池泼洒（幼虾 0.2 ~ 0.5 毫克 / 升，成虾 1 ~ 2 毫克 / 升）
寄生性原虫病	用 1 ~ 3 毫克 / 升硫酸锌全池泼洒

按渔药标签规定执行休药期。

8　捕捞

可根据虾的养殖密度和生长情况适时捕捞。

采用地笼捕捞，捕捞时，可适当增加笼梢的长度（即环数），放置时尽量使笼梢张开，扩大笼梢空间。捕捞时避开脱壳高峰期（脱壳高峰一般间隔15~20天），减少软壳虾的损失。

当水温低于10℃时，一般采用虾拖网集中捕捞，捕捞后用筛子进行大小分拣；根据市场对商品虾的要求，一般用0.7~0.8厘米的筛子进行分拣，分拣后大虾作为商品虾销售，小虾则作为春虾的虾种养殖或销售。

9　包装和运输

9.1　包装：按 NY/T 658 和 NY/T 840 的规定执行，活虾包装应有充氧和保活设施。

9.2　运输：基本要求应符合 NY/T 1056 和 NY/T 840 的有关规定。暂养和运输水应符合 NY/T 391 的要求。

10　生产档案管理

按《水产养殖质量安全管理规定》建立养殖池塘档案，做好全程养殖生产的各项记录。

应建立详细的绿色食品青虾生产档案，明确产地环境条件、苗种放养、饲料投喂、日常管理、防病治病、养殖产量等各环节的记录，应符合NY/T 3204的要求。记录在产品上市后保存不少于3年，作为产品质量追溯的依据。

（四）基地来源证明材料范例

基地来源证明材料范例如下（图4-23）。其内容仅供参考，申请人根据本企业实际情况提供真实材料。

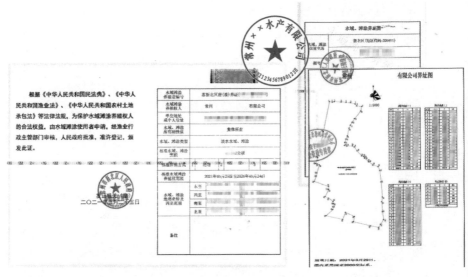

图4-23　水域滩涂养殖证范例

（五）原料来源证明材料范例

原料来源证明材料范例如下。其内容仅供参考，申请人应根据本企业实际情况提供真实材料。

1.饲料用量及来源表

饲料用量及来源表如表4-1所示。

表 4-1　饲料用量及来源

种类	占比	购买量	来源
鱼粉	30%	18.0 吨	溧阳××饲料科技有限公司（代购）
麸皮	37%	22.2 吨	宿迁市××面业股份有限公司
花生饼	30%	18.0 吨	新沂××××花生油有限公司
碳酸钙	3%	1.8 吨	溧阳××饲料科技有限公司（代购）
合计	100%	60.0 吨	

2.饲料原料订购合同及来源证明

饲料原料订购合同范例如下，包括养殖中使用的全部饲料与饲料添加剂。同时，附有产品标签（图4-24和图4-25）、发票（图4-26和图4-27）、饲料原料的绿色食品证书（图4-28和图4-29）。

鱼粉和碳酸钙购销合同

甲方：溧阳××饲料科技有限公司
乙方：常州××水产有限公司

甲乙双方本着互惠互利、友好合作和共同发展的原则，就乙方使用甲方饲料的有关事项，经充分协商一致达成如下条款，双方共同遵守。

一、标的

鱼粉、碳酸钙。

二、数量

2023年1月1日至2027年12月31日，乙方委托甲方代购饲料鱼粉，每年不少于18吨；代购饲料用碳酸钙，每年不少于1.8吨。按需分批采购分批供货，每次发货数量以送货单为准。

三、价格及优惠

（1）按市场价支付。

（2）运输费由乙方承担。

四、质量

（1）鱼粉蛋白含量不低于55%，有饲料生产许可证，符合《绿色食品　饲料及饲料添加剂使用准则》（NY/T 471）要求。

（2）碳酸钙达到饲料级及以上标准，纯度不低于98%。

（3）标的物采用编织袋包装。甲方确保运至乙方时包装完好。

五、付款

款到提货。以甲方确认货款已到账为准。具体方法如下。

（1）通过银行向甲方汇款。

（2）持现金、汇票或支票直接到甲方财务部交款。

（3）向持有收款证明（须盖有甲方公章和财务专用章）的甲方专职收款人员或送货人员付款。由收款人员在送货单或挂账单上签署收款金额、时间及姓名。

六、协商条款：甲方供应的鱼粉、碳酸钙应来源于固定生产厂家，如因特殊原因更换生产厂家，须提前通知乙方，由乙方确认后方可更换。如因甲方私自更换来源造成乙方损失的，一切后果由甲方承担。

七、其他

（1）发生争议，应及时协商，协商结果书面协议经双方签字并加盖公章有效。双方协商不成时，交由甲方所在地人民法院裁决。

（2）本合同自甲乙双方签字盖章之日起生效，有效期至2027年11月31日为止。

（3）本合同一式两份，甲乙双方各持一份。

甲方签字（盖章）

营业执照登记号：91××××××××××   乙方签字（盖章）：

法定代表人：

签订日期：2022年12月1日

图4-24　鱼粉包装标签范例

图4-25　碳酸钙包装标签范例

图 4-26　鱼粉购销凭证发票范例

鱼粉代销合同

甲方：广东粤信饲料有限公司

乙方：溧阳××饲料科技有限公司

甲乙双方本着互惠互利、友好合作和共同发展的原则，就乙方代销甲方饲料的有关事项，经充分协商一致达成如下条款，双方共同遵守。

一、标的

鱼粉：蛋白含量50%、60%。

二、数量

2023年1月1日至2027年12月31日，乙方代销甲方生产的鱼粉，每年不少于60吨。按需分批采购分批供货，每次发货数量以送货单为准。

三、价格及优惠

（1）按市场价支付。

（2）运输费由乙方承担。

四、质量

（1）鱼粉有饲料生产许可证，符合《绿色食品　饲料及饲料添加剂使用准则》（NY/T 471）要求。

（2）标的物采用编织袋包装。甲方确保运至乙方时包装完好。

五、付款

乙方预付80%货款，确认送货规格及数量无误后付清余款。付款可采用以下方式。

（1）通过银行向甲方汇款。

（2）持现金、汇票或支票直接到甲方财务部交款。

六、协商条款

乙方如因特殊原因需要，不再需要甲方供货，须及时通知甲方撤销合同。如因甲方延误信息造成乙方损失的，一切后果由甲方承担。

七、其他

（1）发生争议，应及时协商，协商结果书面协议经双方签字并加盖公章有效。双方协商不成时，交由甲方所在地人民法院裁决。

（2）本合同自甲乙双方签字盖章之日起生效，有效期至2027年11月31日为止。

（3）本合同一式两份，甲乙双方各持一份。

甲方签字（盖章）：　　　　乙方签字（盖章）：

签订日期：2022年12月1日

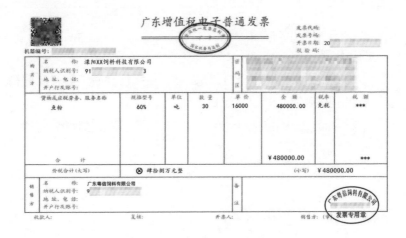

图 4-27　经销鱼粉的购销凭证发票范例

麸皮购销合同

甲方：宿迁市××面业股份有限公司

乙方：常州××水产有限公司

甲乙双方本着互惠互利、友好合作和共同发展的原则，就乙方向甲方购买绿色麦麸的有关事项，经充分协商一致达成如下条款，双方共同遵守。

一、标的

甲方在生产绿色食品面粉过程中产生的副产品麦麸（甲方绿色食品证书编号：LB-02-××××××××××××A）。

二、数量

2023年1月1日至2027年12月31日，购买甲方生产的绿色食品麸皮，每年不少于23吨，按需分批采购分批供货，每次发货数量以送货单为准。

三、价格及优惠

（1）单次送货价格按乙方通知时市场价格上浮5%执行。

（2）运输费由乙方承担。

四、质量

（1）甲方提供的标的物各项质量指标，符合绿色食品水产配合饲料成分要求，按《绿色食品　饲料及饲料添加剂使用准则》（NY/T 471）执行。

（2）标的物采用编织袋包装。甲方对不属于甲方产品包装质量引起的问题不承担任何责任。

五、付款

款到提货。以甲方确认货款已到账为准。具体方法如下。

（1）通过银行向甲方汇款。

（2）持现金、汇票或支票直接到甲方财务部交款。

（3）向持有收款证明（须盖有甲方公章和财务专用章）的甲方专职收款人员或送货人员付款。由收款人员在送货单或挂账单上签署收款金额、时间及姓名。

六、协商条款

甲方绿色食品证书2025年10月到期，如因不可抗力导致不能换证（未续展绿色食品证书），本合同自动终止，乙方不追究甲方违约责任。

七、其他

（1）发生争议，应及时协商，协商结果书面协议以双方签字并加盖公章有效。双方协商不成时，交由甲方所在地人民法院裁决。

（2）本合同自甲乙双方签字盖章之日起生效，有效期至

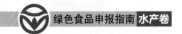

2027年11月31日为止。

（3）本合同一式两份，甲乙双方各持一份。

甲方签字（盖章）：

营业执照登记号：91×××××××××　　乙方签字（盖章）：

　　　　　　　　　　　　　　　　　　法定代表人：

　　　　　　签订日期：2022年12月1日

图4-28　麸皮来源（面粉副产品）绿色食品证书范例

花生饼购销合同

甲方：新沂×××花生油有限公司

乙方：常州××水产有限公司

甲乙双方本着互惠互利、友好合作和共同发展的原则，就乙方使用甲方饲料的有关事项，经充分协商一致达成如下条款，双方共同遵守。

一、标的

甲方生产绿色食品花生油的副产品花生饼（甲方绿色食品证书编号：LB-10-×××××××××××A）。

二。数量

2023年1月1日至2027年12月31日，购买甲方生产的绿色食品花生饼，每年不少于18吨，按需分批采购分批供货，每次发货数量以送货单为准。

三、价格及优惠

（1）单次送货价格按乙方通知时市场价格上浮5%执行。

（2）运输费由乙方承担。

四、质量

（1）甲方提供的标的物各项质量指标，符合绿色食品水产配合饲料成分要求，按《绿色食品　饲料及饲料添加剂使用准则》（NY/T 471）执行。

（2）标的物采用编织袋包装。甲方对不属于甲方产品包装质量引起的问题不承担任何责任。

五、付款

款到提货。以甲方确认货款已到账为准。具体方法如下。

（1）通过银行向甲方汇款。

（2）持现金、汇票或支票直接到甲方财务部交款。

（3）向持有收款证明（须盖有甲方公章和财务专用章）的甲方专职收款人员或送货人员付款。由收款人员在送货单或挂账单上签署收款金额、时间及姓名。

六、协商条款：甲方绿色食品生产资料使用证2025年12月到期，如因不可抗力导致不能换证（未续展绿色食品证书），本合同自动终止，乙方不追究甲方违约责任。

七、其他

（1）发生争议，应及时协商，协商结果书面协议以双方签字并加盖公章有效。双方协商不成时，交由甲方所在地人民法院裁决。

（2）本合同自甲乙双方签字盖章之日起生效，有效期至2027年11月31日为止。

（3）本合同一式两份，甲乙双方各持一份。

甲方签字（盖章）：

营业执照登记号：91×××××××××××　乙方签字（盖章）：

法定代表人：

签订日期：2022年12月1日

图 4-29　花生饼来源（花生油副产物）绿色食品证书范例

（六）基地图范例

基地图范例如图4-30和图4-31所示。其内容仅供参考，申请人应根据本基地实际情况绘制基地图。

图 4-30　养殖基地位置图范例

北 ⇧

图 4-31 养殖基地地块图范例

注：线条圈起的地块为养殖基地地块。

（七）预包装标签设计样张范例

预包装标签设计样张范例如图4-32所示。申请人应提供带有绿色食品标志的预包装标签设计样张。

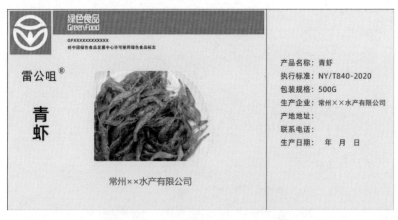

图 4-32 预包装标签设计样张范例

（八）其他相关材料范例

其他相关材料包括商标使用许可合同，以及营业执照（图4-33）、商标注册证（图4-34）、绿色食品内检员证书（图4-35）、国家追溯平台生产经营主体注册证明（图4-36）等。

商标使用许可合同

许可人（甲方）：<u>镇江××现代农业发展有限公司</u>

被许可人（乙方）：<u>常州××水产有限公司</u>

根据《中华人民共和国商标法》《中华人民共和国合同法》的相关规定，甲乙双方遵循自愿和诚实信用的原则，经协商一致，签订本商标使用许可合同。

一、注册商标

甲方许可乙方在中华人民共和国领域内使用以下商标：雷公咀，第31类，商标注册号为2101××××。

二、双方的权利义务

（1）甲方有权监督乙方使用注册商标，乙方应当保证合法使用该商标。

（2）乙方使用商标生产的产品，必须在使用该注册商标的商品上标明自己的企业名称和商品产地，乙方在使用商标期间发生产品质量或纠纷等问题，一律由乙方负责解决，与甲方无关。

（3）乙方不得任意改变甲方注册商标的文字、图形或其组合，并不得超越许可的商品范围使用甲方的注册商标。

（4）乙方对商标享有使用权，但未得甲方同意，乙方不可将上述注册商标许可第三方使用。

三、许可使用期限

2023年2月8日至2027年10月13日。

四、争议解决

在履行本合同过程发生的争议，由双方协商解决，协商不成，任何一方可以向有管辖权的法院起诉。甲方保留提起诉讼的权利，以保护商标不被侵害，诉讼费用由甲方自行负责。甲方授予乙方同等的保护商标权利。

五、其他

（1）本合同一式二份，甲乙双方各执一份，自签字盖章之日起生效，具相同的法律效力。

（2）对于未尽事宜，由双方协商补充，另行签署书面的补充协议。

甲方：镇江××现代农业发展有限公司

乙方：常州××水产有限公司

日期：2023年2月8日

图 4-33　营业执照复印件范例　　　　图 4-34　商标注册证复印件范例

图 4-35　绿色食品内检员证书范例

国家追溯平台生产经营主体注册信息表

2021-09-08 15:09

主体信息	主体名称	常州××水产有限公司		
	主体身份码	××××××××××××××××		
	组织形式	企业/个体工商户		
	主体类型	生产主体		
	主体属性	一般主体		电子身份标识
	所属行业	渔业	企业注册号	××××××××××××
	证件类型	三证合一营业执照（无独立组织机构代码证）	组织机构代码	无
	营业期限	长期		
	详细地址	××××××××		
	企业类型	非农垦企业,非地理标志认证		
法定代表人及联系信息	法定代表人姓名	×××	法定代表人证件类型	大陆身份证
	法定代表人证件号码	××××××××××××××××××	法定代表人联系电话	××××××××××
	联系人姓名	×××	联系人电话	××××××××××
	联系人邮箱			
证照信息				
法人身份证件信息				

图 4-36　国家追溯平台生产经营主体注册证明范例

三、蟹类产品申报范例

蟹类产品申报以上海××蟹业有限公司初次申请绿色食品的申报材料为例，示例中涉及企业隐私的内容已经处理隐藏。上海××蟹业有限公司成立于2001年，是一家集中华绒螯蟹种源开发、蟹苗繁育、蟹种培育及清水蟹养殖加工为一体的专业性公司。养殖基地靠近长江口，主要养殖品种中华绒螯蟹（图4-37）。该公司坚持生态养殖，配以先进的科学水产养殖技术，采用低密度放养方式，合理利用水域中天然水草和水生动物自然资源，做到早放养、早开食，通过种植水草、合理养殖密度以及适时更换池水等措施，为中华绒螯蟹提供最接近原生态的安乐居所。随着绿色食品品牌认知度的快速提升，该公司负责人认识到绿色食品品牌的市场潜力，为进一步提升企业和产品的知名度和信誉度，实现品牌的充分溢价，该公司于2023年开始申报绿色食品。

图 4-37　绿色食品中华绒螯蟹养殖基地

（一）申请书和调查表填写范例

1. 绿色食品标志使用申请书

《绿色食品标志使用申请书》填写范例如下。其中所填写内容仅供参考，申请人应根据本企业实际情况填写。

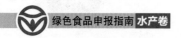
CGFDC-SQ-01/2019

绿色食品标志使用申请书

初次申请☑ 续展申请☐ 增报申请☐

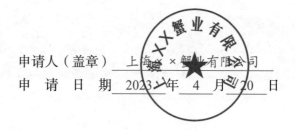

申请人（盖章）　上海××蟹业有限公司

申　请　日　期　2023　年　4　月　20　日

中国绿色食品发展中心

填 表 说 明

一、本表一式三份，中国绿色食品发展中心、省级工作机构和申请人各一份。

二、本表应如实填写，所有栏目不得空缺，未填部分应说明理由。

三、本表无签字、盖章无效。

四、本表的内容可打印或用蓝、黑钢笔或签字笔填写，语言规范准确、印章（签名）端正清晰。

五、本表可从中国绿色食品发展中心网站下载，用A4纸打印。

六、本表由中国绿色食品发展中心负责解释。

保 证 声 明

我单位已仔细阅读《绿色食品标志管理办法》有关内容，充分了解绿色食品相关标准和技术规范等有关规定，自愿向中国绿色食品发展中心申请使用绿色食品标志。现郑重声明如下：

1.保证《绿色食品标志使用申请书》中填写的内容和提供的有关材料全部真实、准确，如有虚假成分，我单位愿承担法律责任。

2.保证申请前三年内无质量安全事故和不良诚信记录。

3.保证严格按《绿色食品标志管理办法》、绿色食品相关标准和技术规范等有关规定组织生产、加工和销售。

4.保证开放所有生产环节，接受中国绿色食品发展中心组织实施的现场检查和年度检查。

5.凡因产品质量问题给绿色食品事业造成的不良影响，愿接受中国绿色食品发展中心所作的决定，并承担经济和法律责任。

法定代表人（签字）：杨贤芳　　　申请人（盖章）

2023年4月20日

一 申请人基本情况

申请人（中文）	上海 × × 蟹业有限公司			
申请人（英文）	/			
联系地址	上海市崇明区 × × 镇 × × 村 1 组		邮编	202150
网址				
统一社会信用代码	9131023063106 × × × × N			
食品生产许可证号	/			
商标注册证号	1788 × × × × ×			
企业法定代表人	杨贤芳	座机 021-69390111	手机	1396939 × × × ×
联系人	陈燕华	座机 021-69390115	手机	1376939 × × × ×
内检员	郭振刚	座机 021-69390122	手机	1896939 × × × ×
传真	021-69391234	E-mail		/
龙头企业	国家级□ 省（市）级☑ 地市级□			
年生产总值（万元）	2 300	年利润（万元）		200
申请人简介	上海 × × 蟹业有限公司成立于 2001 年，是一家集中华绒螯蟹种源开发、蟹苗繁育、蟹种培育及清水蟹养殖加工为一体的专业性公司。养殖基地靠近长江口，主要养殖品种中华绒螯蟹。公司坚持生态养殖，配以先进的科学水产养殖技术，采用低密度放养方式，合理利用水域中天然水草和水生动物自然资源，做到早放养、早开食，通过种植水草、合理养殖密度以及适时更换池水等措施，为中华绒螯蟹提供最接近原生态的安乐居所。			

注：申请人为非商标持有人，须附相关授权使用的证明材料。

二 申请产品基本情况

产品名称	商标	产量（吨）	是否有包装	包装规格	绿色食品包装印刷数量	备注
中华绒螯蟹	崇鲜	50	是	8 只/箱	30 000 张（标签）	

注：续展产品名称、商标变化等情况需在备注栏中说明。

三 申请产品销售情况

产品名称	年产值（万元）	年销售额（万元）	年出口量（吨）	年出口额（万美元）
中华绒螯蟹	2 300	2 300	0	0

填表人（签字）：陈蔼华　　　　内检员（签字）：郭振刚

2. 水产品调查表

《水产品调查表》填写范例如下。其中所填写内容仅供参考，申请人应根据本企业实际情况填写。

CGFDC-SQ-05/2022

水产品调查表

申请人（盖章）　上海××蟹业有限公司

申请日期　2023　年　11　月　20　日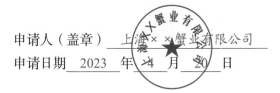

中国绿色食品发展中心

填 表 说 明

一、本表适用于鲜活水产品及捕捞、收获后未添加任何配料的经冷冻、干燥等简单物理加工的水产品。加工过程中，使用了其他配料或加工工艺复杂的腌熏、罐头、鱼糜等产品，须填写《加工产品调查表》。

二、本表一式三份，中国绿色食品发展中心、省级工作机构和申请人各一份。

三、本表应如实填写，所有栏目不得空缺，未填部分应说明理由。

四、本表无签字、盖章无效。

五、本表的内容可打印或用蓝、黑钢笔或签字笔填写，语言规范准确、印章（签名）端正清晰。

六、本表可从中国绿色食品发展中心网站下载，用A4纸打印。

七、本表由中国绿色食品发展中心负责解释。

一 水产品基本情况

产品名称	品种名称	面积（万亩）	养殖周期	养殖方式	养殖模式	基地位置	捕捞区域水深（米）（仅深海捕捞）
中华绒螯蟹	中华绒螯蟹	0.07	8个月	池塘养殖	单养	上海市崇明区××镇××村	不涉及

注：1. "养殖周期"应填写从苗种养殖到达到商品规格所需的时间。

2. "养殖方式"可填写湖泊养殖／水库养殖／近海放养／网箱养殖／网围养殖／池塘养殖／蓄水池养殖／工厂化养殖／稻田养殖／其他养殖等。

3. "养殖模式"可填写单养／混养／套养。

二　产地环境基本情况

产地是否位于生态环境良好、无污染地区，是否避开污染源？	是，基地位于生态环境良好、无污染地区
产地是否距离公路、铁路、生活区 50 米以上，距离工矿企业 1 千米以上？	是，基地距离公路、铁路、生活区 50 米以上，距离工矿企业 1 千米以上
流入养殖/捕捞区的地表径流是否含有工业、农业和生活污染物？	否，流入养殖区的地表径流不含有工业、农业和生活污染物
绿色食品生产区和常规生产区之间是否设置物理屏障？	是，基地周边有道路与其他区域隔开
绿色食品生产区和常规生产区的进水和排水系统是否单独设立？	整个养殖基地均为绿色食品生产区，无常规生产区
简述养殖尾水的排放情况。生产是否对环境或周边其他生物产生污染？	养殖密度低，养殖尾水经湿地净化后再排放，对周边环境无影响

注：相关标准见《绿色食品　产地环境质量》（NY/T 391）和《绿色食品　产地环境调查、监测与评价规范》（NY/T 1054）。

三　苗种情况

外购苗种	品种名称	外购苗种规格	外购来源	投放规格及投放量	苗种消毒方法	投放前暂养场所消毒方法
	/	/	/	/	/	/

自繁自育苗种	品种名称	苗种培育周期		投放规格及投放量	苗种消毒方法	繁育场所消毒方法
	中华绒螯蟹	180 天		8 克/只	不涉及	生石灰全池泼洒

四 饲料使用情况

产品名称		中华绒螯蟹				品种名称		中华绒螯蟹		
饲料及饲料添加剂 \ 生长阶段	天然饵料	外购饲料					自制饲料			
	饵料品种	饲料名称	主要成分	年用量（吨/亩）	来源		原料名称	年用量（吨/亩）	比例（%）	来源
仔蟹	浮游生物	/	/	/	/		/	/	/	/
幼蟹	浮游生物	螃蟹配合饲料	鱼粉、玉米等	0.05	上海××饲料有限公司		/	/	/	/
成蟹	浮游生物	螃蟹配合饲料	鱼粉、玉米等	0.12	上海××饲料有限公司		玉米	0.025	100	自己种植

注：1. 相关标准见《绿色食品　饲料及饲料添加剂使用准则》（NY/T 471）。

2. "生长阶段"应包括从苗种到捕捞前以及暂养期各阶段饲料使用情况。

3. 使用酶制剂、微生物、多糖、寡糖、抗氧化剂、防腐剂、防霉剂、酸度调节剂、黏结剂、抗结块剂、稳定剂或乳化剂应填写添加剂具体通用名称。

五 饲料加工及存储情况

简述饲料加工流程	不涉及
简述饲料存储过程中防潮、防鼠、防虫措施	饲料仓库内用垫仓板防潮，捕鼠笼防鼠
绿色食品与非绿色食品饲料是否分区储藏，如何防止混淆？	绿色食品产品使用饲料为专用仓库

注：相关标准见《绿色食品　饲料及饲料添加剂使用准则》（NY/T 471）和《绿色食品储藏运输准则》（NY/T 1056）。

六　肥料使用情况

肥料名称	来源	用量	使用方法	用途	使用时间
不涉及	/	/	/	/	/

注：1. 相关标准见《绿色食品　肥料使用准则》（NY/T 394）。

　　2. 表格不足可自行增加行数。

七　疾病防治情况

产品名称	药物/疫苗名称	使用方法	停药期
中华绒螯蟹	/	/	/

注：1. 相关标准见《绿色食品　渔药使用准则》（NY/T 755）。

　　2. 表格不足可自行增加行数。

八　水质改良情况

药物名称	用途	用量	使用方法	来源
生石灰	池塘消毒	75千克/亩	化浆全池泼洒	上海××环保科技有限公司
含氯石灰	池塘消毒	75千克/亩	化浆全池泼洒	上海××环保科技有限公司
EM菌（水产用）	改善水质	250毫升/亩	全池泼洒	上海××绿色水产科技有限公司

注：1. 相关标准见《绿色食品　渔药使用准则》（NY/T 755）。

　　2. 表格不足可自行增加行数。

九　捕捞情况

产品名称	捕捞规格	捕捞时间	收获量（吨）	捕捞方式及工具
中华绒螯蟹	0.15～0.30千克	9—12月	50	地笼；人工捕捞

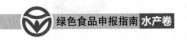

十　初加工、包装、储藏和运输

是否进行初加工（清理、晾晒、分级等）？简述初加工流程	是，根据大小、公母分级
简述水产品收获后防止有害生物发生的管理措施	规范捕捞，防止应激及损伤
使用什么包装材料，是否符合食品级要求？	使用稻草绳捆扎，捆好后放入食品级泡沫箱
简述储藏方法及仓库卫生情况。简述存储过程中防潮、防鼠、防虫措施	鲜品销售，不储存
说明运输方式及运输工具。简述运输工具清洁措施	专用运输车，清水冲洗
简述运输过程中保活（保鲜）措施	放入冰袋保鲜
简述与同类非绿色食品产品一起储藏、运输过程中的防混、防污、隔离措施	全部为绿色食品，不与非绿色食品混放

注：相关标准见《绿色食品　包装通用准则》（NY/T 658）和《绿色食品　储藏运输准则》（NY/T 1056）。

十一　废弃物处理及环境保护措施

养殖废水经人工湿地净化后再排入外河道，投入品包装废弃物由区农资公司回收

填表人（签字）：　　　　　　　　内检员（签字）：

3. 种植产品调查表

《种植产品调查表》填写范例如下，适用于自行种植植物源性饲料原料。其中所填写内容仅供参考，申请人应根据本企业实际情况填写。

CGFDC-SQ-02/2022

种植产品调查表

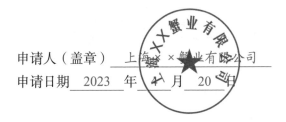

申请人（盖章）　上海×× 蟹业有限公司

申请日期　2023　年　4　月　20　日

中国绿色食品发展中心

填 表 说 明

一、本表适用于收获后，不添加任何配料和添加剂，只进行清洁、脱粒、干燥、分选等简单物理处理过程的产品（或原料），如原粮、新鲜果蔬、饲料原料等。

二、本表一式三份，中国绿色食品发展中心、省级工作机构和申请人各一份。

三、本表应如实填写，所有栏目不得空缺，未填部分应说明理由。

四、本表无签字、盖章无效。

五、本表的内容可打印或用蓝、黑钢笔或签字笔填写，语言规范准确、印章（签名）端正清晰。

六、本表可从中国绿色食品发展中心网站下载，用A4纸打印。

七、本表由中国绿色食品发展中心负责解释。

一　种植产品基本情况

作物名称	种植面积（万亩）	年产量（吨）	基地类型	基地位置（具体到村）
玉米	0.005	20	C	上海市崇明区 × × 镇 × × 村

注：基地类型填写自有基地（A）、基地入股型合作社（B）、流转土地统一经营（C）、公司＋合作社（农户）（D）、全国绿色食品原料标准化生产基地（E）。

二　产地环境基本情况

产地是否位于生态环境良好、无污染地区，是否避开污染源？	是，远离工矿区和公路、铁路干线
产地是否距离公路、铁路、生活区50米以上，距离工矿企业1千米以上？	是，无工矿污染源
绿色食品生产区和常规生产区域之间是否有缓冲带或物理屏障？请具体描述	有，基地与其他外部区域有道路相隔

注：相关标准见《绿色食品　产地环境质量》（NY/T 391）和《绿色食品　产地环境调查、监测与评价规范》（NY/T 1054）。

三　种子（种苗）处理

种子（种苗）来源	上海市 × × 种子有限公司
种子（种苗）是否经过包衣等处理？请具体描述处理方法	否
播种（育苗）时间	每年 5 月

注：已进入收获期的多年生作物（如果树、茶树等）应说明。

四　栽培措施和土壤培肥

采用何种耕作模式（轮作、间作或套作）？请具体描述	无轮作、间作或套作
采用何种栽培类型（露地、保护地或其他）？	露地栽培
是否休耕？	是

秸秆、农家肥等使用情况			
名称	来源	年用量（吨/亩）	无害化处理方法
秸秆	/	/	/
绿肥	/	/	/
堆肥	/	/	/
沼肥	/	/	/

注："秸秆、农家肥等使用情况"不限于表中所列品种，视具体使用情况填写。

五　有机肥使用情况

作物名称	肥料名称	年用量（吨/亩）	商品有机肥有效成分氮磷钾总量（%）	有机质含量（%）	来源	无害化处理
玉米	生物有机肥	0.5	0.5	40	上海 × × 生物有机肥料有限公司	无

注：该表应根据不同作物名称依次填写，包括商品有机肥和饼肥。

六　化学肥料使用情况

作物名称	肥料名称	有效成分（%）			施用方法	施用量（千克/亩）
		氮	磷	钾		
玉米	/	/	/	/	/	/

注：1. 相关标准见《绿色食品　肥料使用准则》（NY/T 394）。

　　2. 该表应根据不同作物名称依次填写。

　　3. 该表包括有机—无机复混肥使用情况。

七　病虫草害农业、物理和生物防治措施

当地常见病虫草害	基地生态环境良好，玉米病害轻微，有极少的蚜虫、玉米螟等，通过有效的预防措施，没有造成危害
简述减少病虫草害发生的生态及农业措施	选用抗病力强品种；适期播种，合理密植，科学管理
采用何种物理防治措施？请具体描述防治方法和防治对象	悬挂杀虫灯
采用何种生物防治措施？请具体描述防治方法和防治对象	未采用生物防治

注：若有间作或套作作物，请同时填写其病虫草害防治措施。

八　病虫草害防治农药使用情况

作物名称	农药名称	防治对象
玉米	苏云金杆菌	玉米螟

注：1. 相关标准见《农药合理使用准则》（GB/T 8321）和《绿色食品　农药使用准则》
　　　（NY/T 393）。

　　2. 若有间作或套作作物，请同时填写其病虫草害农药使用情况。

　　3. 该表应根据不同作物名称依次填写。

九 灌溉情况

作物名称	是否灌溉	灌溉水来源	灌溉方式	全年灌溉用水量（吨/亩）
玉米	是	长江水	机口灌溉	15

十 收获后处理及初加工

收获时间	7月中旬
收获后是否有清洁过程？请描述方法	无
收获后是否对产品进行挑选、分级？请描述方法	否
收获后是否有干燥过程？请描述方法	否
收获后是否采取保鲜措施？请描述方法	否
收获后是否需要进行其他预处理？请描述过程	切碎
使用何种包装材料？包装方式？	无
仓储时采取何种措施防虫、防鼠、防潮？	仓库内放置捕鼠笼、垫仓板
请说明如何防止绿色食品与非绿色食品混淆？	专用仓库

十一 废弃物处理及环境保护措施

肥料等投入品的包装废弃物由区农资公司回收，生活垃圾每日清理

填表人（签字）：陈惠华　　　　　内检员（签字）：郭振刚

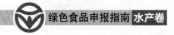

（二）质量管理控制规范编制范例

绿色食品质量管理控制规范范例如下。其内容仅供参考，申请人应根据本企业实际情况编制相应的质量控制规范并遵照执行。

绿色食品质量管理控制规范

上海××蟹业有限公司

2022年1月1日发布
2022年1月1日实施

1　颁布令

颁布令

本制度是依据《中华人民共和国农产品质量安全法》《绿色食品标志管理办法》等相关法律法规，以及绿色食品相关标准，结合本公司中华绒螯蟹养殖的实际情况编制而成，它阐述了本公司作为生产经营者的质量方针、质量目标，并对中华绒螯蟹养殖的质量管理体系提出了具体的要求，本手册适用于本公司中华绒螯蟹养殖基地生产经营全过程的控制管理。

本制度是质量管理体系运行的准则，也是本公司对所有消费者的承诺，经审核符合标准要求，现予以发布，望公司全体员工认真遵照执行，持续改进。

总经理：杨贤芳

2022年1月1日

2　质量方针和目标

2.1　质量方针

以顾客需求为导向，不断健全完善基地中华绒螯蟹养殖规范管理体系，全面实施标准化生产，确保产品的安全卫生质量。

牢固树立以人为本的管理思想，基地管理标准化，注重改良水质、优化环境、规范操作和提高品质。

2.2　质量目标

（1）控制点符合率达98%以上。

（2）产品药残检测合格率达100%。

（3）顾客满意率达90%以上。

（4）顾客投诉处理率达100%。

3 组织机构

3.1 机构设置

（1）成立以公司总经理为组长，生产技术部负责人为副组长并担任内检员，相关部门负责人为成员的绿色食品生产领导小组，负责绿色食品生产组织协调、制度制定、生产计划、基地建设、生产监督管理，保障绿色食品生产工作有序推进。

（2）生产技术部设生产基地负责人1名，内检员1名，技术员2名，质量检测员1名、仓库管理员1名。

（3）销售部设销售员2名、售后管理员1名。

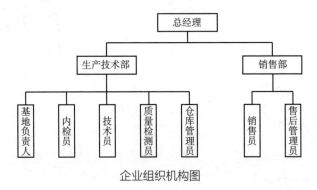

企业组织机构图

3.2 工作职责

3.2.1 领导小组职责

（1）组长（公司总经理）为企业法人，绿色食品质量安全的第一负责人，负责绿色食品发展规划和建设指挥协调、生产计划审批、绿色食品工作对外沟通，监督绿色食品生产。

（2）副组长负责绿色食品生产具体组织实施、绿色食品制度和生产计划的制定，组织绿色食品培训，开展内部检查，指导各相关部门协调开展工作，确保绿色食品基地管理和产品生产全过程相关制度的有效规范运行。

3.2.2 生产技术部职责

（1）负责拟订生产计划，按照绿色食品产地环境和绿色食品生产标准、规范和要求，以及绿色食品生产技术操作规程组织生产管理，绿色食品投入品选择及采购等。

（2）生产基地负责人主要负责对绿色食品生产标准、规范和要求的监督实施，选择并采购符合要求的绿色食品投入品。按照养殖程序和各项技术要求，对养殖品种进行科学系统的管理，落实各项产量、质量指标。

（3）内检员主要负责宣传贯彻绿色食品标准，按照绿色食品标准和管理要求，协调、指导、检查和监督公司内部绿色食品原料采购、基地建设、投入品使用、产品检验、包装印制、防伪标签、广告宣传等工作；配合绿色食品工作机构开展绿色食品监督管理工作；负责绿色食品相关数据及信息的汇总、统计、编制，以及与各级绿色食品工作机构的沟通工作；承担公司绿色食品证书和绿色食品标志使用合同的管理，以及产品增报和续展工作；开展对公司内部员工有关绿色食品知识的培训。

（4）技术员主要负责对绿色食品生产技术操作规程的具体组织实施，指导生产人员按照生产技术规程和相关制度进行科学养殖、消毒、防疫、用药，负责相关技术培训，负责生产记录、档案整理保管等。依各个季节的不同病害，结合本场实际情况采取主动积极的措施进行防护。

（5）质量检测员主要负责水质日常监测与记录。负责产品质量速测与送检等，协助内检员完成其他相关工作。

（6）仓库管理员负责饲料、渔药、消毒物品等投入品入库、出库验货，严格执行仓储产品质量安全制度，做好入库保管保存和发放等工作。

3.2.3 销售部职责

（1）销售部负责绿色食品产品销售、包装运输和品牌运营等，保障按照绿色食品要求抓好储藏保管、产品销售和包装运输等工作。

（2）销售员主要负责绿色食品的市场开拓和销售计划制订，组织产品储藏、包装、运输和销售。

（3）售后管理员主要负责反馈绿色食品销售执行情况和客户的意见，配合生产技术部抓好相关工作。

4 绿色养殖场投入品管理规范

4.1 投入品供应与管理总体原则与要求

（1）渔药、饲料等投入品实行统一采购、统一保管、统一供应、统一使用的管理原则，必须从正规渠道采购符合国家标准、合法登记并与生产品种相适应的投入品，保存相关票据，严禁采购和使用国家及绿色食品生产禁用的投入品。

（2）渔药与其他投入品分开设立专门的存放保管处，分柜堆放，整齐规范。不准使用过期过质产品，剩余投入品及时退还仓库登记，废弃包装严禁乱放，统一收集处理。

（3）投入品的采购和发放要做好相应记载，主要记录使用时间、塘号、养殖品种、生长期、投入品名称、使用量、使用方法、使用人员等。

4.2 饲料的使用管理

4.2.1 饲料的购买制度

（1）饲料要求正规厂家生产，具有饲料登记证号，饲料产品色泽新鲜一致，无发酵、霉变、结块、异味、异臭，无污染，饲料添加剂为正规生产企业生产的、具有产品批准文号的产品。

（2）饲料及饲料添加剂成分应符合《绿色食品　饲料及饲料添加剂准则》（NY/T 471）。

4.2.2 饲料的使用

（1）必须使用新鲜合格的饲料产品，严禁使用过期失效、霉烂变质、无生产厂家、无生产批准文号、无生产日期的饲料产品。

（2）严禁在饲料中添加违禁药物；严禁在饲料中直接添加渔药进行饲喂。

（3）自配饲料原料应安全无污染，有稳定来源，质量可靠，饲料加工过程符合有关规定。

4.2.3 饲料的管理

必须有固定的饲料仓库，实行专仓专用、专人专管。仓库内不得堆放其他杂物，地面必须保持清洁，非相关人员不得进入。仓库内禁止放置任何有害药品和有害物质。

4.3 渔药的使用管理

4.3.1 渔药购买制度

（1）购进的渔药产品为正规厂家生产，且"三证"齐全，不得购进国家明文规定禁限用的渔药，渔药标签应符合《兽药管理条例》规定。

（2）按照技术人员书面提供的品种、数量、剂型及含量，及时采购渔药，不得随意更改。建立完整的药品购进记录。记录内容包括药品的品名、剂量、规格、有效期、生产厂商、供货单位、购进数量、购货日期。

（3）药品的质量验收：包括药品外观性质检查、药品内外包装及标识（品名、规格、主要成分、批准文号、生产日期、有效期等）的检查。

（4）采购时要严格检查质量，查验相关证明，防止购进假劣产品。应认真查看药物标签上的兽药登记证号、兽药生产许可证号、执行标准号，不准购买假兽药。应认真查看生产日期、保质期，防止选购过期渔药。要索取与所买兽药相符的兽药使用说明书、技术资料及正规发票。

（5）采购水质改良剂、微生物制剂等要选择有足够的资信度和相应的经济实力，同时具有承担民事责任的能力的正规生产厂家和经销商。

4.3.2 渔药的使用

（1）以生态防治为主，药物防治为辅。必须使用时，应符合《渔药使用准则》（NY/T 755）的规定。

（2）必要的预防、治疗和诊断所用的渔药，必须依据国家与农业农村部制定的相关标准使用。

（3）禁止使用禁限用渔药。使用药物应严格遵守规定的用法用量，并严格执行休药期。严禁人药渔用。

4.3.3　渔药管理制度

（1）渔药保管场所要通风透气、干燥、不漏雨。

（2）渔药仓库专仓专用，专人专管。在仓库内不得堆放其他杂物。药品按剂量、用途及储存要求分类存放，陈列药品的货柜应保持清洁和干燥。地面必须保持整洁，非相关人员不得进入。

（3）渔药要存放整齐，排列有序，标识清楚。

（4）渔药入库实行登记，入库时，所买渔药要与实际入库渔药相符。

（5）渔药出库应详细记录品种、剂型、规格、数量、使用日期、使用人员、使用场所，须在技术员指导下使用，并做好记录，严格遵守停药期规定。

（6）用药实行处方管理制度，处方内容包括用药名称、剂量、使用方法、使用频率、用药目的。领药者凭用药处方领药使用。

4.4　投入品台账管理

（1）必须建立完整的投入品购进、使用记录。购进记录包括渔药与饲料的名称、规格（剂型）、数量、有效期、生产批号、生产厂家、供货单位、购货日期。使用时要详细记录渔药、饲料品种、规格（剂型）、数量、使用日期、使用方法，使用人员、使用去向。拌饲料用的药品，须在执业兽医的指导下使用，并做好记录，严格遵守停药期。

（2）投入品的使用应做到先进先出，后进后出，防止人为造成的过期失效。

（3）投入品购进、使用记录应当真实，保存时间不得少于3年。

5 绿色养殖基地管理制度

5.1 养殖用水

（1）水产养殖用水应符合《绿色食品　产地环境质量》（NY/T 391）要求，禁止将不符合水质标准的水源用于水产养殖。

（2）应当定期检测养殖用水水质，水质保持"肥、活、嫩、爽"，水色保持黄绿色或茶褐色，透明度保持在25～35厘米，养殖用水水源受到污染时，应当立即停止使用；确需使用的，应当经过净化处理达到养殖水质标准。养殖水体水质不符合水质标准时，应当立即采取措施进行处理。经处理后仍达不到要求的，应当停止养殖活动。

（3）养殖塘口的进排水系统应分开，应定期进行整修，及时清理杂物、污泥等易堵塞物，经常巡视进水口，及时清除进水口的垃圾和附近的堆物，保持水流畅通。

（4）为保护养殖环境和防止病害交叉感染，养殖废水须经尾水排放达标后方可排放到河道之中。

5.2 养殖生产

（1）严格按照《绿色食品　中华绒螯蟹养殖操作规程》生产，建立养殖档案。技术人员要保证技术操作规程和措施落实到位。

（2）养殖生产应当配备水质、水生生物检测等基础性试纸、设备。

（3）养殖使用的苗种应保证苗种体质健壮、规格整齐，符合绿色食品质量要求。

（4）使用渔用饲料应当符合《绿色食品　饲料及饲料添加剂

使用准则》（NY/T 471）。禁止使用无产品质量标准、无质量检验合格证、无生产许可证和产品批准文号的饲料。禁止使用变质、过期饲料或添加有促生长素的饲料。

（5）加强巡塘，防止特殊天气时中华绒螯蟹缺氧。如大雾、连续阴雨等天气，如有增氧设备应及时开启，防止中华绒螯蟹缺氧死亡。及时打捞残肢、死蟹、濒死蟹、残饵等。

5.3　产品检测

主动接受各级渔业行政主管部门组织的中华绒螯蟹药物残留抽样检测和养殖环境监测。

5.4　记录管理

（1）认真填写水产养殖生产档案，记载养殖种类、苗种来源及生产情况、饲料来源及投喂情况、水质变化等内容。

（2）记录应完整、真实、准确、清晰，统一规范并具有连续性，严禁出现中间缺页或断档。

（3）记录由专人保管，至少保存至产品上市后3年。

5.5　培训管理

（1）所有员工接受绿色食品生产培训和指导，确保从事养殖管理、操作的相关专业人员具备必要的专业知识和工作经历，并胜任所从事工作。

（2）生产技术部根据岗位能力要求，制订培训计划，经批准后组织实施并做好培训记录。

6　捕捞及销售

（1）捕捞前须经基地负责人确定，在休药期内不得捕捞。

（2）捕捞过程中使用的器具清洁、卫生，不得使用电击等捕捞方式。

（3）捕捞后应及时记录捕捞时间、数量和池塘编号。

（4）销售养殖的水产品应当符合《绿色食品　蟹》（NY/T 841）要求，并做好销售记录。不符合标准的产品禁止当作绿色食品销售。产品销售后如出现质量问题，按照生产日期、销售日期、批次查明原因，追究有关人员责任。

（5）包装及储运过程应符合《绿色食品　包装通用准则》（NY/T 658）和《绿色食品　储藏运输准则》（NY/T 1056）要求，养殖产品运输时，包装材料和容器应有效保护产品不受污染和损坏。

7　饲料玉米种植管理制度

为保证玉米种植严格按绿色食品要求进行生产，实行规范化管理，特制定如下制度。

7.1　成立工作专班，加强组织领导。成立绿色食品饲料生产基地领导小组，由公司基地负责人任组长，负责总体领导，由内检员任副组长，执行绿色食品玉米生产技术规范，严格管理生产投入品供应和使用，对玉米从生产到收获全过程质量负责。

7.2　加强生产投入品的供应管理。基地生产所用的种子、肥料、农药由公司统一组织采购供应，技术人员对基地的施肥及物理防治病虫害进行全程技术指导和监督。

（1）玉米病虫害防治按照有害生物防治原则，优先使用农业、物理、生物防治措施，必要时再使用农药。严禁购买、使用高毒、高残留农药，严格按照《绿色食品　农药使用准则》（NY/T 393）购买和使用农药。

（2）玉米施肥应使用已经发酵的腐熟农家肥或购买商品有机肥。所施用肥料按照《绿色食品　肥料使用准则》（NY/T 394）执行。

（3）农业投入品专人专管，严格遵守规定。农业投入品的采购必须选择资质合格、产品质量优秀的生产单位，统一采购，统一使用。每次购买必须有详细的入库记录，投入品的使用严格按照生产技术规程，投入品的发放和使用必须有出库记录。

7.3　加强其他生产技术管理。制定生产技术操作规程并定期对技术人员开展培训。

7.4　认真开展生产基地的环境保护。使用杀虫灯等物理防治措施减少农业病虫害发生。

7.5　收获及运输。人工收割，使用绿色食品专用车辆运输，车辆应保持清洁、干燥、无异味，做到防混装、防污染。

（三）生产操作规程编制范例

1. 养殖生产操作规程

养殖生产操作规程编制范例如下。其内容仅供参考，申请人应根据本企业实际情况编制相应的生产操作规程并遵照执行。

上海 ×× 蟹业有限公司

绿色食品　中华绒螯蟹养殖生产操作规程

1　范围

本规程规定了绿色食品中华绒螯蟹养殖的产地环境条件、人工繁殖、水质管理、苗种放养、日常管理、捕捞、包装、运输与储存等各个环节应遵循的准则和要求。

本规程适用于上海××蟹业有限公司绿色食品中华绒螯蟹养殖。

2 规范性引用文件

下列文件中的内容通过文中的规范性引用而构成本文件必不可少的条款。不注日期的引用文件，其最新版本（包括所有的修改单）适用于本文件。

GB 11607 渔业水质标准

GB/T 19783 中华绒螯蟹

NY/T 391 绿色食品 产地环境质量

NY/T 471 绿色食品 饲料及饲料添加剂使用准则

NY/T 658 绿色食品 包装通用准则

NY/T 755 绿色食品 渔药使用准则

NY/T 841 绿色食品 蟹

NY/T 1056 绿色食品 储藏运输准则

SC/T 9101 淡水池塘养殖水排放要求

3 产地环境条件

3.1 塘口条件：蟹塘环境应符合 GB 11607 及 NY/T 391 的规定。选择生态环境良好，海水、淡水水源充足，无污染源，进排水系统完善，交通便利的地方。塘口底部淤泥不超过 10 厘米，池深 1.5 ~ 1.8 米。

3.2 防逃设施：塘埂和排水口设置防逃网，防逃网为 20 目的聚乙烯网片，将网片包裹在排水口处，塘埂上使用 1.0 ~ 1.2 米宽的防逃网作为材料，埋入地下 20 厘米，并在顶部内侧缝制 35 厘米宽的玻璃钢。

3.3 进排水设施：进水口和排水口分别位于塘口两端，进水口处于地势较高位置，并用 60 目以上的长型网袋过滤进水，防止鱼卵和敌害生物随水流进入。排水口建在池塘另一端环形沟的低处，埋入排水管后夯实土层防止渗漏，使用钢筋焊接出直径稍大于排水管径、长度 30 厘米的圆柱形支架，用 20 目网片将其包裹，套在排水管上，起到防逃和防止杂质堵塞出水口的作用。

3.4 增氧设施：每亩配备 0.15 ~ 0.25 千瓦的微孔增氧设施，条形微孔增氧管道效果较好，长度在 30 米左右，过长会导致气压不足，影响增氧效果。微孔增氧管道距离池底不超过 10 厘米，使用木桩、钢丝等水平固定。

4 蟹苗繁育

4.1 亲本选择

4.1.1 亲蟹要求：亲本来源清楚。亲蟹种质应符合 GB/T 19783 的要求，雌蟹 > 70 克 / 只，平均规格 ≥ 75 克 / 只，雄蟹为 90 ~ 110 克 / 只，平均规格 100 克 / 只。雌雄比例为（2 ~ 3）：1。

4.1.2 外观要求：螯足不能缺，干净，无挂脏、花盖、溃烂。

4.1.3 镜检要求：附肢及腹部刚毛、鳃部无寄生虫。

4.2 亲蟹交配与抱卵

4.2.1 亲蟹交配：亲蟹下塘前 7 ~ 10 天，应向交配池塘加入盐度为 20‰ 左右的海水，水深 1.0 米。用含氯石灰（50 毫克 / 升）对水体进行消毒。同时准备相应池塘作为越冬用的蓄水池以备交配池换水用，以减少水体盐度等变化造成的应激反应。

4.2.2 饲养管理：亲蟹入池 10 天后进行第一次换水，排干全部老水，加入经含氯石灰消毒处理的蓄水池水。入池 20 天后进行第二次换水，排干全部老水，加入经含氯石灰消毒处理的蓄水池水。1个月左右后排干池水取出全部雄蟹。此后，每隔 1 个月换水一次，换水量根据水质状况进行。

4.3 幼体培育

溞状幼体期间水深维持在1.8～2.0米，通过加水保持水位相对稳定。水体的透明度维持在50厘米左右为宜，溶解氧含量不低于6毫克/升。在天气恶劣的条件下，水体溶解氧含量偏低时，可使用过氧化氢。在温度适宜的条件下，溞状幼体经20天左右即可变态为大眼幼体。全部变态后经过3～5天即起捕淡化，起捕可采用密拉网起捕或灯光诱捕。

4.4 大眼幼体淡化

4.4.1 淡化池条件：淡水池通常为水泥池,规格以 5.0 米 × 4.0 米 ×1.5 米为宜。淡化前 1 天，淡化池注水 10 ～ 20 厘米，用含氯石灰（80 ～ 100 毫克 / 升）进行池壁和池底消毒。清洗后注入 1.0 米深的海水，盐度同溞状幼体培苗池。

4.4.2 入池淡化：淡化密度为 100 千克 / 池大眼幼体。5 小时后加入淡水 50 厘米深，使淡化池水深保持在 150 厘米。

4.4.3 淡化方法：采用盐度逐渐稀释的淡化方法。淡化期间每 8 小时换一次淡水，一天 3 次，每次换水量为 1/3。淡化期间每 2 小时投喂一次轮虫，投喂量为 2 千克 / 次。淡化时间为 3 ～ 5 天，当盐度下降到 3‰以下，大眼幼体由黑转为淡黄色时即可出池运输。

4.4.4 大眼幼体质量鉴别：体色淡黄色或金黄色，规格为 14 万只 /千克左右，抓在手中松开后，四处逃窜为最佳。

5 蟹苗放养

5.1 放苗前准备

5.1.1 消毒清塘：抽干池水，清除过多淤泥，暴晒池底。在放苗前30天，进水至滩面30厘米，用生石灰（50～75千克/亩）或含氯石灰（10千克/亩）进行干法清塘。

5.1.2 水草栽植：蟹苗下塘前1周左右，向蟹种培育池塘移植水花生。水花生下塘前应清洗干净，在阴凉干燥处晾放24小时以上。水花生投放面积为池塘的1/4～1/3，并用尼龙绳整齐固定水花生。

5.1.3 放养密度：每亩放养蟹苗1.25～2.0千克为宜。

5.1.4 放养方法：蟹苗放养时温差控制在3～5℃，将蟹苗均匀撒在池塘四周的水面或水草上。

5.2 仔蟹阶段饲养管理

5.2.1 投饲管理：以池塘中的天然饵料为主，当饲料生物数量下降时，通过肥水管理来培育池塘中的饵料生物。

5.2.2 水质管理：每3天加水一次，每次加水3～5厘米，防止水温变动较大，影响仔蟹的生长和存活。

5.3 幼蟹阶段饲养管理

5.3.1 投饲管理：投喂绿色食品螃蟹饲料，投饲量为幼蟹体重的5%～8%，下午太阳下山时投喂，须整个池塘均匀投喂。

5.3.2 水质管理：保持蟹塘池水的透明度以40～50厘米为宜。当透明度低于40厘米时，排出1/3或1/2底层水，注入新水。每月全池泼洒EM菌1～2次。

5.3.3 日常管理：日常管理上坚持做好"四查""四勤""四定"和"四

防"工作。"四查"即查蟹种吃食情况、查水质、查生长、查防逃设施。"四勤"即勤巡塘、勤除杂草、勤做清洁卫生工作、勤记录。"四定"即投饲要定质、定量、定时、定位。"四防"即防敌害生物侵袭、防水质恶化、防蟹种逃逸、防偷。

6 成蟹养殖

6.1 池塘条件：池塘形状规范，塘埂坚实不漏水，池埂坡比 1∶3，池底平坦少淤泥，池塘进排水系统完善。面积 10 ~ 40 亩，平均水深 1.0 ~ 1.5 米。

6.2 蟹种放养

6.2.1 放养准备：冬季清除池塘过多的淤泥，并经阳光暴晒 1 个月。蟹种放养前 1 个月，每亩用含氯石灰 35 ~ 50 千克，化浆后全池泼洒。

6.2.2 蟹种放养

6.2.2.1 蟹种质量要求：规格整齐、肢体健全、反应敏捷、行动迅速、体表无附着生物和寄生虫、无病斑、无早熟，规格一般以 100 ~ 160 只 / 千克为宜。

6.2.2.2 放养数量：根据养殖规格与产量情况，合理确定放养密度，600 ~ 1 200 只 / 亩为宜。

6.2.3 水草种植：主要种植伊乐藻。1 月下旬至 2 月初，水温在 5 ~ 10℃为伊乐藻的最佳种植时间。将池塘水排干，施有机肥 50 ~ 100 千克 / 亩。种植时每 5 列为一组，列间距 1 米，组间距 5 米，每株草 1.5 ~ 2.0 千克，株间距 1 米。伊乐藻全部种植好后再加水 30 厘米。

6.2.4 饲养管理

6.2.4.1 饲料投喂：前 3 次蜕壳应投喂绿色河蟹配合饲料；后两次蜕壳（高温季节期间）可适当投喂玉米，最后一次蜕壳完成后，可投喂海水小杂鱼等动物性饲料。

6.2.4.2 水草管理：水草种植初期要控制好水位，一般超过水草 5 ~ 10 厘米即可，对水草长势不好的池塘要及时补种。高温季节要对伊乐藻进行割茬，保持藻体距水面 30 厘米左右。池塘的水草覆盖率以 60% ~ 70% 为宜。养殖后期应及时清除过多的水草，减少水草覆盖面积便于捕捞及保持河蟹品质。

7 水质管理

7.1 水质要求：水质应符合 GB 11607 和 NY/T 391 的要求。定时测量水温、溶解氧、pH 值、透明度、氨氮、亚硝酸盐含量、总碱度、总硬度等指标，其中溶解氧、pH 值、氨氮、亚硝酸盐含量、总碱度、总硬度采用便携式水质分析仪测定。

7.2 水质调控：采用原位修复技术调控池塘水质，每 10 ~ 15 天使用 EM 菌微生物制剂 1 次。合理开启增氧设备，正常天气 20：00 至翌日 8：00 开增氧机，阴雨天全天开机。

7.3 及时加注新水：整个饲养期间，透明度保持在 30 厘米以上。当池塘水质不良时，应及时加注新水，使池水长期保持在 1.2 米左右，特别是 7—8 月高温季节，可适量加水，增加水深到 1.5 米左右，防止水草败死影响水质。

8 疾病防治

8.1 防治原则：以生态防治为主，药物防治为辅。

8.2 治疗方法：药物使用应符合 NY/T 755 要求。中华绒螯蟹常见疾病治疗方法见下表。

表　中华绒螯蟹常见疾病治疗方法

常见疾病	症状	防治方法
颤抖病	外部症状：病蟹步足环向腹部，肢尖扎于土层，时而抽搐，难以伸展，并发生阵阵抖动；内部病变：部分蟹肝、胰腺发黑或发白、坏死，鳃丝溃疡、缺损，体内积水	（1）用聚维酮碘溶液或次氯酸钠溶液水体消毒 （2）用维生素 C、银翘板蓝根散拌饵投喂
黑腮病	鳃呈黄色或黑色，鳃部长满藻类或原生动物，细菌损伤鳃组织，使呼吸困难，行动迟缓	（1）经常加注新水，保持水质清新 （2）发病后用生石灰化浆全池泼洒
纤毛虫病	病蟹鳃部、腹部及四对步足有大量纤毛虫附生，外观可见体表长有棕色或黄色绒毛，行动迟缓，手摸体表附肢有滑腻感	（1）经常加注新水，保持水质清新 （2）硫酸锌三氯异氰尿酸粉或硫酸锌粉用水稀释后全池泼洒
蜕壳不遂病	蜕壳时，病蟹的头胸甲后缘与腹部交界处会出现裂口，但因不能蜕出旧壳而死亡，患病的河蟹一般周身发黑	（1）增加池塘中的钙质，定期使用生石灰化浆全池泼洒 （2）用维生素 C 或虾蟹脱壳促长散等中草药拌饵投喂
肠炎病	病蟹吃食减少或绝食，肠道发炎且无粪便，有时肝、肾、鳃也会发生病变，表现出胃溃疡且口吐黄水	（1）用次氯酸钠溶液或聚维酮碘溶液，全池泼洒 （2）用维生素 C 拌饵投喂

注：药物使用方法、使用剂量及休药期按产品说明。

9 收捕、包装、运输与储存

9.1 捕捞收获：一般 9 月中下旬开始捕捞上市，地笼捕捞，最后干塘起捕。

9.2 包装、运输与储存：符合 NY/T 658 和 NY/T 1056 的要求。

10 尾水排放及废弃物处理

养殖过程中及捕捞结束后的水草均捞出集中堆肥处理。养殖尾水排入尾水净化区，并对尾水排放进行监测，监测点设在尾水排放口，养殖尾水排放应符合SC/T 9101规定。

11 生产日记管理

建立养殖池塘档案，做好全程养殖生产的各项记录，保存3年。

2. 种植生产操作规程

饲料种植生产操作规程编制范例如下。其内容仅供参考，申请人应根据本企业实际情况编制相应的生产操作规程并遵照执行。

上海 ×× 蟹业有限公司

绿色食品 饲料玉米种植生产操作规程

1 范围

本规程规定了绿色食品玉米的产地环境、品种选择、整地、播种、田间管理、采收、生产废弃物的处理、储藏及生产记录档案。

2 规范性引用文件

下列文件对于本文件的应用是必不可少的。不注日期的引用文件，其最新版本（包括所有的修改单）适用于本文件。

GB 4404.1　粮食作物种子　第1部分：禾谷类

NY/T 391　绿色食品　产地环境质量

NY/T 393　绿色食品　农药使用准则

NY/T 394　绿色食品　肥料使用准则

NY/T 1056　绿色食品　储藏运输准则

3 产地环境

3.1　环境条件：应符合 NY/T 391 的要求。应选择生态环境良好、无污染的地区，远离工矿区和公路、铁路干线，避开污染源。应与常规生产区域之间设置有效的缓冲带或物理屏障。

3.2　土壤条件：宜选用集中连片、地势平坦、排灌方便、耕层深厚肥沃、理化性状和耕性良好的土壤，pH 值宜在 6.5 ~ 7.5。

4 品种选择

4.1　选择原则：选择适宜本地生态条件的玉米优良品种。

4.2　种子质量：种子质量符合 GB 4404.1 的规定。纯度不低于98%，净度不低于98%，含水量不高于16%，发芽率90%以上。购买已包衣的种子，其种衣剂选用必须符合 NY/T 393 的规定。

5 整地

5.1　选地：选择地势平坦、耕层深厚、肥力较高、保水保肥性能好、排灌方便的地块。

5.2 整地：耕地深度 18 ~ 20 厘米。播种前再次耕翻，破碎土壤。

6 播种

6.1 播期：4 月中旬至 5 月上旬，当 5 ~ 10 厘米耕层地温稳定通过 7 ~ 8℃时，可抢墒播种，并可根据当年地温、土壤墒情、终霜期等因素的变化适当调整播期。

6.2 种植方式：可采用 65 ~ 70 厘米标准垄单行或 110 ~ 140 厘米大垄双行（通透）密植等方式种植。

6.3 播种量：依据测定种子发芽率、种植密度等要求确定播种量。一般每亩播量为 1.7 ~ 2 千克。

7 田间管理

7.1 灌溉：灌溉水质应符合 NY/T 391 要求。在玉米拔节期、大喇叭口期和灌浆至乳熟期，根据旱情、土壤含水量、作物长势等情况，采用滴灌、喷灌、沟灌等方式灌溉。

7.2 施肥

7.2.1 施肥原则：应符合 NY/T 394 的规定。以有机肥为主。当季无机氮与有机氮用量比不超过 1 ∶ 1。根据土壤供肥能力和土壤养分的平衡状况，以及气候、栽培等因素，进行测土配方平衡施肥，做到氮、磷、钾及中微量元素合理搭配。

7.2.2 有机肥：每亩基施生物有机肥 500 千克，结合整地撒施或条施夹肥。

7.3 病虫草害防治

7.3.1 防治原则：坚持"预防为主，综合防治"的植保方针，以农业防治为基础，优先采用物理和生物防治技术，辅之化学防治措施。应使用高效、低毒、低残留农药品种，药剂选择和使用应符合 NY/T 393 的要求。

7.3.2　防治措施

7.3.2.1　农业防治：选用多抗品种，合理轮作和耕作，合理密植和施肥，精细管理，培育壮苗，清除田间病株、残体等。

7.3.2.2　物理防治：利用灯光、性诱捕器、机械捕捉害虫等。设置杀虫灯或性诱剂加挂在投射式杀虫灯上进行成虫诱杀。

7.3.2.3　生物防治：选用低毒生物农药、释放天敌等措施进行生物防治。可利用赤眼蜂、苏云金杆菌（Bt）防治玉米螟。

7.3.2.4　化学防治：尽量不用化学药品，以防对养殖中华绒螯蟹产生影响。必要时，所选药剂应符合 NY/T 393 要求。常见病害防治方法见下表。

表　玉米常见病害防治方法

防止对象	防治时期	农药名称	用药量	施用方式
玉米螟	低龄幼虫期	苏云金杆菌	50～100 克/亩	加细沙灌在玉米的喇叭口
草地贪夜蛾	低龄幼虫期	草地贪夜蛾核型多角体病毒 Hub1	75～125 毫升/亩	喷雾

8　采收

在苞片枯黄变白、松散，籽粒变硬发亮并呈现本品种固有特征，"乳线"消失，籽粒尖端出现黑色层的完熟后期采收。采收后要及时进行晾晒、切碎。

9 生产废弃物的处理

除草剂、杀菌剂、杀虫剂、种衣剂以及包衣种子的包装物不得重复使用，集中处理，且不能引起环境污染。秸秆还田或捡拾打捆用于堆肥、制作燃料等。

10 储藏

储藏设施、周围环境、卫生要求、出入库、堆放等应符合NY/T 1056的要求。储藏设施要有防虫、防鼠、防潮等功能。

11 生产记录档案

生产全过程，要建立生产记录档案，包括地块档案以及整地、播种、灌溉、施肥、病虫草害防治、采收等记录。记录保存期限不少于3年。

（四）基地来源证明材料范例

本范例中，上海市崇明区××镇××村民委员会受186个农户的委托，与上海××蟹业有限公司签订了土地流转合同，186个农户的明细信息体现于《土地流转清单》中。同时，上海市崇明区××镇××村民委员会与186个农户分别签订了《农村土地承包经营权流转委托书》（以农户张青为例，申报时提供不少于2份合同样本）。

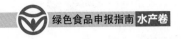

土地流转合同

甲方（出让方）：上海市崇明区××镇××村民委员会

乙方（受让方）：上海××蟹业有限公司

根据《中华人民共和国合同法》《中华人民共和国农村土地承包法》及其他有关法律法规，本着平等、自愿的原则，甲乙双方就农村土地承包经营权流转事宜协商一致，订立本合同。

一、土地基本情况

该土地位于上海市崇明区（县）××乡（镇）××村，共计750亩。

二、流转期限

流转期限为2021年1月1日至2028年12月31日。

三、土地的用途

该土地以出租方式流转给乙方经营，具体项目为作物种植、水产养殖。流转期内，乙方不得擅自改变流转用途或用于非农建设。

四、土地交付时间

甲方应于2021年1月1日前将流转土地交付乙方。

五、流转价款

双方同意确定流转单价为每年每亩××元。

六、支付方式

分期支付：乙方应在2021年1月1日前向甲方支付第一年度流转价款，以后每年1月1日前支付当年流转费用。

七、定金

乙方应于本合同生效后10天内向甲方支付8万元作为定金，定金在合同终止时返还。乙方不履行约定的债务的，无权要求返还定金；甲方不履行约定债务的，应当双倍返还定金。

八、双方权利和义务

1. 甲方有权获得流转收益，有权按照合同约定的期限收回流转的土地。

2. 甲方有权要求乙方按约履行合同义务，有权监督乙方合理利用土地，制止乙方损坏土地和其他农业资源的行为。

3. 流转土地被依法征收、征用、占用时，双方有权依法获得相应的补偿。

4. 甲方尊重乙方的生产经营自主权，不得干涉乙方依法进行正常的生产经营活动。乙方的生产用工在同等条件下，优先使用本组成员。

5. 甲方保证其流转的土地承包经营权合法、真实、有效。

6. 乙方不得损害农田基础设施，不得从事掠夺性经营，不得给土地造成永久性损害。

7. 未经甲方同意，乙方不得将土地再一次流转。

8. 合同期满后，乙方的相关设施及地上附着物，应在合同到期日之前拆除清理完，如不按期拆除清理完则归甲方所有，甲方不作补偿。

9. 流转土地交还时，双方关于土地恢复原状的约定：按国家规定达到农耕地标准，如未恢复至原状或达不到农耕地标准的，乙方定金暂不归还。

九、违约责任

1. 乙方逾期支付流转费用，每逾期1天，应向甲方支付100元违约金。

2. 甲方逾期交付土地，每逾期1天，应向乙方支付100元违

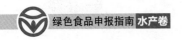

约金。

3. 发生下列情况，甲方有权解除合同，给甲方造成损失的，乙方应予赔偿。

（1）乙方改变土地农业用途的。

（2）乙方从事掠夺性经营，造成土地永久性损害的。

（3）乙方在取得土地承包经营权后，抛荒土地达到3个月的。

（4）乙方在流转土地上擅自乱搭乱建，违反政策规定的。

4. 甲方非法干预乙方正常生产经营活动，给乙方造成损失的应予以赔偿。

5. 如乙方每年预付款在1月1日之前未到甲方账上视为合同违约，滞后1个月乙方预付款仍未到甲方账上，按自行解除合同处理。

十、其他约定

1. 在本合同履行期间，若土地承包经营权灭失的，双方协商解决。

2. 甲方的流转土地经乙方确认后，所有生产经营活动与甲方无关。

3. 本合同未尽事宜，双方可依法签订补充协议，补充协议与本合同具有同等法律效力。

十一、争议解决方式

双方发生争议的，可以自行和解，也可以请求村民委员会、乡（镇）人民政府等调解。双方和解、调解不成或者不愿和解、调解的，可以向崇明区（县）农村土地承包仲裁委员会申请仲裁，也可以直接向人民法院提起诉讼，

十二、附则

1.本合同自甲乙双方签字或盖章起生效。

2.本合同一式四份，双方各执一份，发包方和乡（镇、街道）农村土地承包管理部门各备案一份。

甲方（签字/签章）：

（农村土地经营权出……）

身份证号（组织机构代码）：12×××××××

签字日期：2021年1月1日

乙方（签字/签章）：

（农村土地经营权受让方）

身份证号（组织机构代码）：9131023063106×××N

签字日期：2021年1月1日

土地流转清单

序号	农户姓名	土地位置	权证号	流转面积（亩）
1	万江水	××村4组	××××××××	1.87
2	张青	××村6组	××××××××	2.04
3	柳强	××村3组	××××××××	2.54
…	……	……	……	……
…	……	……	……	……
…	……	……	……	……
186	文小武			6.32
合计				750.56

农村土地承包经营权流转委托书

本承包方系××村6组农户，自愿委托××村以（出租、转包、转让、入股）方式依法流转部分或全部土地承包经营权（权证编号×××××××××××××××××）。具体委托事项如下。

1. 流转面积2.04亩，坐落××××××××。

2. 流转期限10年，自 2019 年 1 月至 2028 年 12 月止。

3. 流转价格按2019年为×× 元/亩，后每年根据崇明区上一年指导价进行结算，每年的3月底前付清当年流转费。

4. 流转土地主要用于农业生产、水产养殖经营等。

5. 代理签订本市农村土地承包经营权流转格式合同。

6. 其他事宜：委托有效期自 2019 年 1 月 1 日至 2028 年 12 月 31 日。

委托人（承包方签名或盖章）　　　　受托人（发包方）（签章）

农户姓名：张青　　　　　　　　　　法定代表人：靖天村

身份证号码：31××××××××××　　联系电话：137××××××××

签订日期：2019年1月1日　　　　　签订日期：2019年1月1日

（五）原料来源证明材料范例

原料来源证明材料范例如下。包括饲料订购合同、绿色食品生产资料证书范例（图4-38）、发票（图4-39）等。其内容仅供参考，申请人应根据本企业实际情况提供真实材料。

饲料订购合同

购买方（甲方）：<u>上海××蟹业有限公司</u>

供应方（乙方）：<u>上海××饲料有限公司</u>

根据《中华人民共和国合同法》及相关法律规定，双方就饲料供应事宜经共同协商，达成以下协议。

一、乙方为甲方提供中华绒螯蟹养殖所需的螃蟹配合饲料供应配送。供货期限：自2023年1月1日至2027年12月31日。

二、乙方每年为甲方提供螃蟹配合饲料120吨，价格按购货时双方约定市场价格执行。

三、质量要求：乙方提供的螃蟹配合饲料须符合《绿色食品饲料及饲料添加剂使用准则》（NY/T 471）要求，否则甲方有权拒收或拒付货款。

四、饲料由乙方运送到甲方指定地点，乙方随车须附每批次饲料成分说明及饲料原料的绿色食品来源证明材料，经甲方验收后过磅交货。

五、付款方式：每月5号之前结清上一个月货款。

六、甲方不按时支付货款时，每天按所欠货款万分之五处罚滞纳金。

七、本合同一式两份，甲乙双方各执一份，双方签字后生效。

甲方（签字盖章）：　　　　　乙方（签字盖章）：

签订日期：2023年1月1日　　　签订日期：2023年1月1日

图 4-38 绿色食品生产资料证书范例

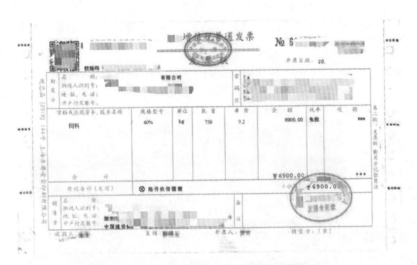

图 4-39 绿色食品生产资料购销凭证范例

（六）基地图范例

基地图范例如图4-40和图4-41所示。其内容仅供参考，申请人应根据本基地实际情况绘制基地图。

北
⇧

图4-40　养殖和种植基地位置图范例

北
⇧

图4-41　养殖和种植基地地块分布图范例

（七）预包装标签设计样张范例

预包装标签设计样张范例如图4-42所示。申请人应提供带有绿色食品标志的预包装标签设计样张。

图4-42　预包装标签设计样张范例

（八）其他相关材料范例

其他相关材料包括营业执照（图4-43）、商标注册证（图4-44）、绿色食品内检员证书（图4-45）、国家追溯平台生产经营主体注册证明（图4-46）等。

图4-43 营业执照复印件范例

图4-44 商标注册证复印件范例

图4-45 绿色食品内检员证书范例

图4-46 国家追溯平台生产经营主体
注册信息表范例

第五章

绿色食品水产品申报常见问题

一、关于绿色食品申报流程

1. 申请使用绿色食品标志，需要经过哪些环节？

申请使用绿色食品标志一般要经过8个基本环节：提出申请→绿色食品工作机构受理审查→检查员现场检查→产地环境质量检测和产品检测→省级绿色食品工作机构初审→中国绿色食品发展中心综合审查→绿色食品专家评审→中国绿色食品发展中心发布颁证决定。

2. 初次申请使用绿色食品标志，需要提前做哪些准备？

申请使用绿色食品标志的申请人确定申报之前有3点必须提前准备和注意：一是安排负责生产和质量安全管理的专业技术人员或管理人员登录"绿色食品内检员培训管理系统"（网址：http://px.greenfood.org/login）参加绿色食品相关培训，并获得内检员注册资格，确保企业有个"明白人"负责绿色食品申报和生产管理工作；二是申请要在产品收获前3个月提出，确保现场检查、产地环境质量检测和产品检测可以在合适的生产季开展进行；三是登录国家农产品质量安全追溯管理信息平台（网址：http://www.qsst.moa.gov.cn），完成生产经营主体注册。

3. 在《绿色食品标志使用申请书》中，申请分为 3 种类型，应该怎样选择？

绿色食品申请分为3种类型，即初次申请、续展申请和增报申请。初次申请是指符合绿色食品标志使用申报条件的申请人首次向中国绿色食品发展中心提出使用绿色食品标志的申请；续展申请是指已获得绿色食品证书的标志使用人，证书有效期即将届满（有效期3年），需要继续使用绿色食品标志所提出的申请，注意应在证书有效期满3个月前向省级绿色食品工作机构提出申请；增报申请是指绿色食品标志使用人在已获证产品的基础上，申请在其他产品上使用绿色食品标志或申请增加已获证产品产量。具体包括以下类型：①申请已获证产品的同类多品种产品；②申请与已获证产品产自相同生产区域的非同类多品种产品，如捕捞水域相同、非人工投喂模式的水产品；③申请增加已获证产品的产量；④已获证产品总产量保持不变，将其拆分为多个产品，或将多个产品合并为一个产品。增报申请可以在绿色食品标志使用期间提出，也可在续展申请时一并提出。

举例来说，一家水产养殖企业的200吨草鱼在2019年获得绿色食品标志使用许可，2021年该企业希望新增100吨鲢鱼申请使用绿色食品标志，这时企业提出申请时有两种选择方式：一是选择将原获证产品提前续展，与新申报产品一并提出申请，在申请书中同时勾选续展申请和增报申请；二是选择将新申报产品单独提出，在申请书中同时勾选初次申请和增报申请。

二、关于绿色食品申报资质条件

1. 某市水产协会要申请使用绿色食品标志，以便其所有会员企业都可以使用绿色食品标志，是否符合绿色食品申请资质条件？

不符合。

《绿色食品标志管理办法》第十条、《绿色食品标志许可审查程序》第五条和《绿色食品标志许可审查工作规范》第十一条要求：申请使用绿色食品标志的生产单位应能够独立承担民事责任。绿色食品申请人的范围包括国家市场监督管理部门登记注册并取得营业执照的企业法人、农民专业合作社、个人独资企业、合伙企业、家庭农场等，国有农场、国有林场和兵团团场等生产单位。行业协会等社团组织不具备生产能力，不能作为申请人。

2. 某地一家农村集体经济组织想申请使用绿色食品标志，是否符合绿色食品申请资质条件？

不符合。

按照《绿色食品标志许可审查程序》第五条和《绿色食品标志许可审查工作规范》第十一条规定，申请使用绿色食品标志的生产单位必须是经国家市场监督管理部门登记注册并取得营业执照的企业法人、农民专业合作社、个人独资企业、合伙企业、家庭农场等，国有农场、国有林场和兵团团场等生产单位。农村集体经济组织非国家市场监督管理部门登记注册的生产主体，不能作为申请人。

3. 一家水产养殖企业2022年6月注册成立，2023年3月提出绿色食品标志使用申请，是否符合申请资质条件？

不符合。

《绿色食品标志管理办法》第十条、《绿色食品标志许可审查程序》第五条和《绿色食品标志许可审查工作规范》第十一条规定，绿色食品申请人应具有完善的质量管理体系，在提出申请时应至少稳定运行1年。该企业申报时成立仅9个月，不满足稳定运行1年要求。

4. 一家鲈鱼产品深加工企业，购买某合作社养殖的鲈鱼作为原料进行加工，是否符合申请资质条件？

视具体情况。

如果购买的鲈鱼是已经获得绿色食品证书的产品，需要与该鲈鱼养殖合作社签订绿色食品购买合同（协议），合同（协议）应确保至少一个绿色食品用标周期内原料供应的稳定性，且购买量应满足申请产品的生产需要。

如果购买的鲈鱼未获得绿色食品证书，需要根据《绿色食品标志许可审查工作规范》规定要求，与该鲈鱼养殖合作社签订绿色食品委托养殖合同，同时该合作社需要按照绿色食品标准进行养殖生产。

5. 无固定生产基地的经销商是否可以申报？

不可以。

《绿色食品标志管理办法》第十条、《绿色食品标志许可审查程序》第五条和《绿色食品标志许可审查工作规范》第十一条规定，绿色食品申请人应具有稳定的生产基地，具有绿色食品生产的环境条件和生产技术，具有完善的质量管理体系并至少稳定运行1年等要求，因此，无固定生产基地的经销商不可以申报。

6. 申请人已取得"草鱼、鲢鱼、鲫鱼"绿色食品证书，可否在"鲤鱼、青鱼"上使用？

不可以。

绿色食品实行"一品一号"制度，不能在未获得绿色食品证书的产品上使用，如在其他产品上使用绿色食品标志，须进行该产品的绿色食品申报。

7. 申请使用绿色食品标志的生产企业的草鱼产品经检测符合《绿色食品　鱼》（NY/T 842）指标要求，是否可以凭此授权使用绿色食品标志？

不可以。

按照《绿色食品标志管理办法》规定，申请使用绿色食品标志的产品，应当符合《中华人民共和国食品安全法》和《中华人民共和国农产品质量安全法》等法律法规规定，在国家市场监督管理总局核定的产品范围内，并具备下列条件：①产品或产品原料产地环境符合绿色食品产地环境质量标准；②饲料、渔药等投入品使用符合绿色食品投入品使用准则；③产品质量符合绿色食品产品质量标准；④包装储运符合绿色食品包装储运标准。如在该产品上使用绿色食品标志，须进行该产品的绿色食品申报。

8. 某合作社有养殖池塘 50 亩，要申报绿色食品水产品是否符合绿色食品申请人资质条件？

不符合。

根据《绿色食品标志许可审查工作规范》第十一条要求，绿色食品申请人应具有一定的生产规模，其中，鱼、虾等水产品湖泊、水库养殖面积500亩（含）以上，养殖池塘（含稻田养殖、荷塘养殖等）面积200亩（含）以上。该合作社养殖规模不满足以上条件要求。

9. 某公司积极响应当地生态循环农业发展号召，开展稻渔综合种养，其中养殖鲤鱼申报绿色食品有什么要求？

该公司和申请产品鲤鱼除应符合《绿色食品标志管理办法》《绿色食品标志许可审查程序》和《绿色食品标志许可审查工作规范》中关于申请人和申请产品的要求外，该公司生产基地的土地来源证明中应显示生产用地可用于水产养殖生产，或提供相应的水域滩涂养殖证等证明材料。

三、关于绿色食品生产要求

1. 绿色食品水产品养殖过程中使用的饲料及饲料添加剂有什么要求？

绿色食品水产品生产中使用饲料和饲料添加剂应按照《绿色食

品 饲料及饲料添加剂使用准则》（NY/T 471）标准执行，遵循3条基本原则：一是安全优质原则；二是绿色环保原则；三是以天然饲料原料为主原则。需要特别注意：一是饲料和饲料添加剂的使用应对水产养殖动物机体健康无不良影响，所生产的动物产品安全、优质、营养，有利于消费者健康且无不良影响；二是饲料和饲料添加剂及其代谢产物，应对环境无不良影响，且在渔业产品及排泄物中存留量对环境也无不良影响，有利于生态环境保护和养殖业可持续健康发展；三是应根据养殖动物不同生理阶段和营养需求配制饲料，原料组成宜多样化，营养全面，各营养素间相互平衡，饲料的配制应当符合营养、健康、节约、环保的理念。不应使用畜禽及餐厨废弃物、畜禽屠宰场副产品及其加工产品、非蛋白氮、制药工业副产品（包括生产抗生素、抗寄生虫药、激素等药物的残渣）。

2. 绿色食品水产品养殖管理过程对渔药选用有什么要求？

绿色食品水产品生产中使用的渔药、疫苗等应按照《绿色食品 渔药使用准则》（NY/T 755）标准执行。一是应按《水产养殖质量安全管理规定》（中华人民共和国农业部令第31号）实施健康养殖。采取各种措施避免应激，增强水产养殖动物自身的抗病力，减少疾病的发生。二是按《中华人民共和国动物防疫法》的规定，加强水产养殖动物疾病的预防，在养殖生产过程中尽量不用或者少用药物。确需使用渔药时，应保证水资源不遭受破坏，保护生物安全和生物多样性，保障生产水域质量免受污染，用药后水质应满足《渔业水质标准》（GB 11607）的要求。三是渔药使用应符合《中华人民共和国兽药典》《兽药质量标准》《兽药管理条例》等有关规定。四是在水产动物病害防控过程中，处方药应在执业兽医（水生动物类）的指导下使用。五是严格按照说明书的用法、用量、休药期等使用渔药，禁止滥用药，减少用药量。

3. 如果申请人养殖的鱼类产品仅有部分申报绿色食品，在生产管理上需要注意什么？

如果申请人只是将部分产品申报绿色食品，即存在平行生产情况，在生产管理上一定要有完善的平行生产管理措施。针对生产过程、收获、储藏、运输等实施区分管理，包括生产区域隔离、投入品分区储藏、运输隔离分批等区分管理措施，同时应做好详细记录，保证绿色食品与非绿色食品的区分隔离可有效追溯。

4. 绿色食品水产品养殖过程中可以投喂远洋捕捞冰鲜鱼作为饲料吗？

可以。

按照《绿色食品　饲料及饲料添加剂使用准则》（NY/T 471）标准要求，绿色食品水产品可以使用的动物源性饲料有鱼粉和其他海洋水产动物产品及副产品，且应来自经农业农村主管部门认可的产地或加工厂，并有证据证明符合规定要求，其中鱼粉应符合《饲料原料　鱼粉》（GB/T 19164）的规定。进口的鱼粉和其他海洋水产动物产品及副产品，应有国家检验检疫部门提供的相关证明和质量报告，并符合相关规定。

5. 如果绿色食品水产品养殖池塘内同时混养或套养其他水产品，其投入品使用是否也要按照绿色食品标准执行？

因水产动物生活环境的特殊性，与绿色食品水产品混养或套养的其他水产品同样要按照绿色食品标准要求进行生产和管理，所用渔药、肥料等投入品同样应符合绿色食品相关标准要求。

6. 绿色食品水产品申请对水产品的养殖周期有什么要求？

根据《绿色食品标志许可审查工作规范》第十三条第（五）款要求，自繁自育苗种的水产品，全养殖周期均应采用绿色食品标准要求的养殖方式；外购苗种的水产品，至少后2/3养殖周期内应采用绿色食品标准要求的养殖方式。

例如，大闸蟹第一年4月产卵，5月生长为大眼幼体，某申请人10月从大闸蟹育种场购买扣蟹，放置育种池内养殖，翌年3月转至养殖池内养殖，9月左右养到成品蟹，按照"外购苗种的水产品，至少后2/3养殖周期内应采用绿色食品标准要求的养殖方式"要求，该申请人应至少在扣蟹至成品蟹养殖期间按照绿色食品标准要求进行养殖。

7. 某虹鳟养殖企业申请使用绿色食品标志，产品名称叫"彩虹鱼"可以吗？

不可以。

该名称无法识别产品实际品种。产品名称规范表述应为"彩虹鱼（虹鳟）"。

四、关于绿色食品产地环境和产品检验

1. 申请人收到绿色食品工作机构反馈的《现场检查意见通知书》，告知现场检查合格，如何委托产地环境和产品检测？

现场检查合格后，申请人根据《现场检查意见通知书》，委托绿色食品定点检测机构按相应项目开展抽样和检测。检测机构接受申请人委托后，依据《绿色食品 产地环境调查、监测与评价规范》（NY/T 1054）和《绿色食品 产品抽样准则》（NY/T 896）开展现场抽样，并自环境抽样之日起30个工作日内、产品抽样之日起20个工作日内完成检测工作，出具《环境质量监测报告》和《产品检验报告》，发送申请人。

绿色食品定点检测机构是指具有相应的检验检测资质和技术能力，经中国绿色食品发展中心考核认定，承担绿色食品检测工作任务的检验检测机构。申请人可登录"中国绿色食品发展中心"网站（网址：http://www.greenfood.org.cn；www.greenfood.org；www.greenfood.agri.cn）查询"绿色食品定点检测机构"信息。

2. 初次申请绿色食品水产品，什么情况下可以申请免测环境？

一是符合《绿色食品　产地环境质量》（NY/T 391）和《绿色食品　产地环境调查、监测与评价规范》（NY/T 1054）规定的免测情况，其中，水产养殖业区免测空气，深海渔业免测水质，深海和网箱养殖区免测底泥；二是续展申请人经绿色食品检查员现场检查和省级绿色食品工作机构确认后，其产地环境符合免检要求可免做抽样检测。

3. 某申请人申请栉孔扇贝、海湾扇贝、牡蛎使用绿色食品标志，该 3 个产品均属海水贝，是否可以只检测一个产品？

不可以。

按照《绿色食品　产品抽样准则》（NYT 896）及《水产品抽样规范》（GB/T 30891）规定，鲜活水产品以相同产品为一检验批。栉孔扇贝、海湾扇贝、牡蛎虽属双壳纲海水贝类，但品种不同，每个申请产品均须抽样检测。

五、关于绿色食品标志使用

1. 绿色食品证书上包括哪些信息？

绿色食品标志使用证书是绿色食品标志使用人合法有效使用绿色食品标志的凭证，证书内容包括产品名称、商标名称、生产单位及其信息编码、核准产量、产品编号、标志使用许可期限、颁证机构、颁证日期等。

2. 申请人在绿色食品证书有效期内，证书信息发生变化需要变更，如何操作？

绿色食品证书有效期内，标志使用人的产地环境、生产技术、质量管理制度等未发生变化，标志使用人名称、产品名称、商标名称等一项或多项发生变化的，标志使用人应向其注册所在地省级绿色食品工作机构提出证书变更申请。证书变更需要提交以下材料：①《绿色食品标志使用证书变更申请表》；②绿色食品证书原件；③标志使用人名称变更的，应提交核准名称变更的证明材料；④商标名称变更的，应提交变更后的商标注册证复印件；⑤如已获证产品为预包装产品，应提交变更后的预包装标签设计样张。

3. 未按期续展的企业是否可以继续使用绿色食品标志？

不可以。

绿色食品标志证书有效期为3年，续展申请人应在绿色食品证书到期前3个月向省级绿色食品工作机构提出续展申请。证书到期后未续展的原绿色食品企业不能继续使用绿色食品标志。

4. 申请人涉及总公司、分公司和子公司的，在使用绿色食品标志时需要注意哪些问题？

一般有两种情形：①以总公司名义统一申报绿色食品，子公司或分公司作为总公司的被委托方，总公司获证后如使用统一的包装，可在包装上统一使用总公司的绿色食品企业信息码，同时标注总公司和子公司或分公司的名称，并区分标注不同的生产商；②总公司与子公司分别申报绿色食品并领取证书，如使用统一的包装，在绿色食品标志图形、文字下方可不标注绿色食品企业信息码，而在包装上的其他位置同时标注总公司和子公司的具体名称及其绿色食品企业信息码，并区分不同的生产商。

5. 获得绿色食品标志使用许可的申请人是否可以将绿色食品标志授权给其他企业生产的未经许可产品？

不可以。

根据《绿色食品标志管理办法》第二十一条规定，禁止将绿色食品标志用于非许可产品及其经营性活动。按照绿色食品标志使用合同总则，中国绿色食品发展中心是绿色食品标志的唯一所有人和许可人。

参考文献

常亚青，2010. 贝类增养殖学 [M]. 北京：中国农业出版社.

邓志松，2021. 夏秋季水产养殖管理技术 [J]. 渔业致富指南（21）：30-31.

黄洪亮，冯超，李灵智，等，2022. 当代海洋捕捞的发展现状和展望 [J]. 中国水产科学，29（6）：938-949.

刘进红，吴秀林，丁华静，等，2019. 春季鲫鱼亲本的养殖与疾病防治 [J]. 科学养鱼（4）：7.

刘乐丹，赵永锋，2021. 我国水产饲料的发展及新型蛋白质源研究进展 [J]. 科学养鱼（12）：20-23.

农业农村部渔业渔政管理局，2023. 2023 中国渔业统计年鉴 [M]. 北京：中国农业出版社.

任黎华，潘云生，2019. 放养大规格亲本扣蟹需注意几点风险 [J]. 科学养鱼（8）：6-7.

任效忠，刘海波，刘鹰，等，2023. 工厂化循环水养殖系统中流场特性与鱼类互作影响的研究进展与展望 [J/OL]. 渔业科学进展. DOI：10.19663/j.issn2095-9869.20220628001.

申玉春，2008. 鱼类增养殖学 [M]. 北京：中国农业出版社.

孙远远，史德杰，王雪梅，等，2022. 紫彩血蛤苗种规模化繁育技术要点 [J]. 科学养鱼（9）：61-62.

王克行，等，2011. 虾蟹类增养殖学 [M]. 北京：中国农业出版社.

王永昌，梅方超，王四维，2018. 鱼的消化生理与鱼饵料的加工工艺 [J]. 饲料工业，39（2）：1-8.

杨萍，2022. 冬季池塘养殖管理技术 [J]. 渔业致富指南（1）：39-40.

张彪，2023. 淡水养殖中鱼病综合防治 [J]. 科学养鱼（6）：59.

张翠雅，陈锋，国显勇，等，2023. 人工湿地净化海水养殖尾水的影响因素探析及展望 [J/OL]. 大连海洋大学学报. DOI：10.16535/j.cnki.dlhyxb.2023-040.

张华荣，2022. 绿色食品工作指南（2022 版）[M]. 北京：中国农业出版社.

中国绿色食品发展中心，2014. 绿色食品标志许可审查程序［EB/OL］. [2014-05-28]. http://www.greenfood.agri.cn/ywzn/lssp/shpj/202306/t20230609_7993848.htm.

中国绿色食品发展中心，2022. 2021 绿色食品发展报告 [M]. 北京：中国农业出版社.

中国绿色食品发展中心，2022. 绿色食品标志许可审查工作规范［EB/OL］. [2022-02-23]. http://www.greenfood.agri.cn/tzgg/202306/t20230612_7995091.htm.

中国绿色食品发展中心，2022. 绿色食品标志许可审查指南 [M]. 北京：中国农业科学技术出版社.

中国绿色食品发展中心，2022. 绿色食品申报指南（牛羊卷）[M]. 北京：中国农业科学技术出版社.

中国绿色食品发展中心，2022. 绿色食品现场检查工作规范［EB/OL］. [2022-02-23]. http://www.greenfood.agri.cn/tzgg/202306/t20230612_7995091.htm.

中国绿色食品发展中心，2022. 绿色食品现场检查指南 [M]. 北京：

中国农业科学技术出版社 .

中国绿色食品发展中心，2022. 最新中国绿色食品标准（2022 版）
[M]. 北京：中国农业出版社，2022.

中华人民共和国农业农村部，2016. SC/T 1132—2016 渔药使用
规范 [S]. 北京：中国农业出版社 .

中央农业广播电视学校，2016. 农产品质量安全 [M]. 北京：中国农
业出版社 .